ÉOLOGIE

ÉLÉMENTAIRE

(PHÉNOMÈNES ACTUELS)

Par F. FAIDEAU et Aug. ROBIN

COURS COMPLET D'HISTOIRE NATURELLE

LIBRAIRIE LAROUSSE. PARIS

COURS COMPLET D'HISTOIRE NATURELLE
A L'USAGE DES LYCÉES ET COLLÈGES

CLASSES ✦✦✦✦✦✦
✦✦ DE CINQUIÈME B
ET DE QUATRIÈME A

GÉOLOGIE ÉLÉMENTAIRE

✦ LES PHÉNOMÈNES ACTUELS ✦

AVEC 150 REPRODUCTIONS PHOTOGRAPHIQUES OU FIGU-
RES EXPLICATIVES ET 23 CARTES EN COULEURS, PAR

F. FAIDEAU,	*AUG. ROBIN,*
PROFESSEUR DE SCIENCES	CORRESPONDANT DU
NATURELLES A L'ÉCOLE	MUSÉUM NATIONAL
JEAN-BAPTISTE SAY	D'HISTOIRE NATURELLE

DEUXIÈME ÉDITION

JE SÈME À TOUT VENT

LIBRAIRIE LAROUSSE. — PARIS
13-17, RUE MONTPARNASSE. — SUCC¹ᵉ, 58, RUE DES ÉCOLES

COURS COMPLET D'HISTOIRE NATURELLE
CONFORME AUX PROGRAMMES DU 31 MAI 1902.

PREMIER CYCLE (Sous presse)

ZOOLOGIE ÉLÉMENTAIRE (Classes de sixième A et B).

BOTANIQUE ÉLÉMENTAIRE (Classes de cinquième A et B).

GÉOLOGIE ÉLÉMENTAIRE : *Phénomènes actuels* (Classes de cinquième B et quatrième A).

L'HOMME et les animaux utiles pour l'alimentation, le vêtement, le travail musculaire (Classe de troisième B).

SECOND CYCLE (En préparation)

CONFÉRENCES DE GÉOLOGIE : *Les Terrains* (Classes de seconde A, B, C, D).

ANATOMIE ET PHYSIOLOGIE ANIMALES ET VÉGÉTALES (Classes de philosophie A et B et de mathématiques A et B).

PALÉONTOLOGIE ANIMALE (Classes de philosophie A et B et de mathématiques A et B).

NOTIONS D'HYGIÈNE (Classes de philosophie A et B et de mathématiques A et B).

PRÉFACE

Depuis vingt ans le livre a subi une heureuse transformation et, grâce à la photographie, il est infiniment plus aimable que jadis. L'ouvrage d'enseignement seul s'est figé jusqu'ici en une forme immuable et bien peu attrayante. Nous avons voulu présenter à l'élève, pour l'étude de la plus captivante des sciences, l'Histoire naturelle, des livres capables de lui plaire et de lui donner la représentation *vraie* des êtres et des choses. A cet effet, nous les avons pourvus d'une *illustration* abondante et soignée, composée de *photographies* non retouchées, reproduction exacte des animaux, des plantes et des phénomènes naturels dont les programmes imposent l'étude. Ainsi se trouve réalisé un véritable enseignement par les yeux, enseignement bien supérieur à celui que fournissent des planches murales, d'une exécution souvent imparfaite, et dont les détails sont invisibles à distance.

En feuilletant les pages du présent livre, l'élève acquiert une idée exacte des phénomènes dont le cours du professeur, aidé de notre texte, lui apprendra les causes. Il suit ainsi le travail grandiose des agents naturels et constate la beauté des sites qui résultent de leur action. Une illustration aussi importante exigeait pour rester lisible un format plus grand; cependant nous n'avons pas voulu innover sur ce point et créer un nouveau « format scolaire » : nous avons simplement adopté celui des cahiers cartonnés en usage dans les classes. D'autre part, il est évident qu'une illustration exclusivement photographique serait un non-sens dans un ouvrage destiné à l'enseignement : nous y avons joint, partout où ils étaient nécessaires, des *schémas* explicatifs.

En ce qui concerne le *texte*, nous avons exactement suivi les indications du programme officiel, que nous reproduisons ci-contre. Ce programme invite les auteurs à s'éloigner le moins possible du territoire français : nous nous y sommes appliqués, mais dans nombre de cas, notamment pour les déserts, les récifs coralliens, les volcans actifs,

les geysers, nous avons dû chercher des exemples hors de France.

Les *résumés* nous ont paru indispensables pour mettre en évidence ce que le texte qui les précède comporte d'*essentiel*. Mais au lieu de les composer en petits caractères et de les réunir à la fin de chaque chapitre, où ils ne sont pas lus, nous les avons multipliés en les plaçant à la fin de chaque paragraphe et en leur réservant le caractère *italique*, qui les différencie très nettement du texte courant. Après avoir suivi le cours du professeur, il suffira donc à l'élève de *lire* nos chapitres avec attention, de vouloir les *comprendre*, puis de bien *retenir* le mot à mot des résumés.

L'*Index alphabétique* placé à la fin du volume a été établi avec un très grand soin; il comporte plus de 780 renvois aux paragraphes. Nous y avons consigné toutes les *étymologies* utiles.

PROGRAMMES OFFICIELS DU 31 MAI 1902
(GÉOLOGIE, 1 HEURE).

Étude des modifications du sol au moyen d'exemples choisis autant que possible dans la région.

Les pluies (Paragraphes **15** et **16**). — Dégradations produites par l'eau en mouvement (**18** à **20**). Dénudation des montagnes; Rôle protecteur des végétaux (**22**). Importance du reboisement (**23** à **25**). — Creusement des vallées (**77, 78**). Transport de matériaux par les eaux, alluvionnements (**82, 83**), deltas (**85**).

Sédiments, leurs caractères (**103** à **105**). Cailloux, sables, vases argileuses ou calcaires (**105**). Transformation des sédiments en terrains stratifiés (**103**). — Débris d'êtres vivants inclus dans ces terrains (**106, 107**).

Couches perméables et imperméables; Nappes d'eau souterraines (**29, 30**), puits, puits artésiens (**30**), sources (**37** à **41**).

Les neiges persistantes (**4**). — Formation et mouvement des glaciers (**51, 52**), moraines (**55**), blocs erratiques (**56**), sources glaciaires (**64**.

Les vents. — Transport des poussières et des sables (**7**) Dunes (**4** à **6**).

Roches souterraines en fusion (**120, 142**). — Leur épanchement au travers des terrains sédimentaires (**137, 142**). Roches éruptives anciennes et récentes (**131, 132**). Volcans (**117** à **142**), laves (**125, 126, 132**).

Sources thermales (**143, 144, 147, 148**). — Eaux minérales (**148**), émanations gazeuses (**146, 149**).

Tremblements de terre (**154** à **157**). — Exhaussement et affaissement du sol (**150, 151, 153, 156**). Déplacement des lignes de rivage (**153**).

Les êtres vivants (**108** à **116**). — Tourbe (**115, 116**). Récifs et îles madréporiques (**110, 111**).

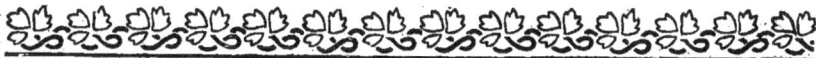

Fig. 1. — Le point *culminant* de la France : le Mont-Blanc (4 810 mètres).

LE SOL DE LA FRANCE

L A surface de la Terre est infiniment variée dans ses aspects : sur les continents, qui offrent toutes les formes de relief, la Nature a répandu ses beautés à profusion ; et l'eau des océans, en perpétuel mouvement, sculpte et modifie sans cesse les rivages qui l'enserrent.

Notre pays, à lui seul, est extrêmement riche à cet égard, et il suffit d'en faire le tour pour observer de nombreux aspects différant les uns des autres, car presque partout ses limites sont naturelles. La Manche et l'Océan Atlantique en bornent toute la partie occidentale sur une étendue de plus de 2 000 kilomètres, et devant cette interminable ligne d'eau les rivages ne cessent de se transformer.

Basse au Pas de Calais, la côte s'élève avec les terrains du Boulonnais. Elle s'abaisse ensuite et les flots accumulent du sable qui s'étale en belles *plages ;* le vent y édifie des petites collines de sable ou *dunes* qui s'arrondissent tout le long du littoral.

Au Tréport commencent les jolies *falaises* de craie, hautes murailles verticales, éclatantes de blancheur, qui bordent la mer jusqu'aux abords du Havre. Après l'embouchure de la Seine, ce sont les rivages du Calvados, offrant de belles plages à Trouville et de belles falaises à Port-en-Bessin.

Avec le Cotentin commencent de nouveaux aspects qui se précisent en Bretagne. Les contours de ce dernier pays sont particulièrement déchiquetés ; la mer s'est livrée dans cette région à un extraordinaire travail de sculpture : anses, baies, promontoires, îlots en ruine, se succèdent jusqu'à l'embouchure de la Loire. Au sud de ce fleuve, la côte s'abaisse, elle s'écarte largement pour faire place à l'*estuaire* de la Gironde, porte d'interminables dunes jusqu'à Bayonne et se redresse à l'approche des Pyrénées. Alors s'enfle majestueusement l'admirable chaîne, poussant jusqu'à 3404 mètres, dans le ciel espagnol, la masse noire des Monts-Maudits.

Jusqu'à l'*embouchure* du Rhône, les côtes de la mer Méditerranée sont basses et semées de *lagunes* ou lambeaux de mer partiellement isolés du large par des digues naturelles de sable. Après le Rhône, le rivage est rocheux, souvent élevé, toujours pittoresque. Au sud et en mer s'étend la merveilleuse Corse, verte et montagneuse.

En quittant les flots de la Méditerranée, la frontière de France adopte la ligne de crête des Alpes, suivant dans tous leurs caprices les sommets les plus vertigineux, dominant d'immenses champs de neige et d'innombrables courants de glace qui descendent vers les vallées; elle s'élance à 4810 mètres au faîte du Mont-Blanc (*fig.* 1) et ne quitte l'incomparable chaîne qu'au lac de Genève. Alors se présentent de nouveaux paysages : les montagnes calcaires du Jura, le massif cristallin des Vosges et le relief disloqué des Ardennes.

L'intérieur de la France n'est pas moins varié. La moitié septentrionale de son sol est fertile, riche et creusée de nombreuses vallées. Paris, qui doit sa prospérité à cette richesse, en occupe le centre. La moitié méridionale offre une énorme masse de granit servant de piédestal à de très nombreux *volcans* qui n'étaient pas encore éteints lorsque l'homme apparut sur la Terre. A l'est, et en se rapprochant de la frontière alpine, surgissent les belles montagnes de la Maurienne (3860 m.), du Pelvoux (4100 m.), etc.

En considérant tous ces paysages à la fois si pittoresques et si variés, on peut se demander quelle action crée les dunes, à quel mécanisme sont dues les falaises, pourquoi les crêtes des Alpes ont des dents de scie, par quelles causes naissent les glaciers, comment se sont creusées les vallées et pourquoi elles sont si larges en comparaison du ruban d'eau qui les suit, enfin quelle force provoque l'éruption des volcans. Et hors de France, de nouvelles questions se posent à propos des *déserts* et de leurs *oasis*, des *sources* bouillantes, des *tremblements de terre*, des *glaces* polaires, etc. Tout cela représente la vie intense de notre Terre, et la science qui s'en occupe est la *géologie*. Or, la géologie est la science fondamentale; c'est sur elle que s'édifient les autres sciences, car tout est né du sol et tout y retourne.

Mais la surface des continents est recouverte d'un interminable manteau de végétation à travers lequel pointent seulement les montagnes élevées et bâillent lamentablement les déserts. Or, en soulevant la terre végétale dans laquelle toutes les plantes trouvent leur nourriture, on découvre la chair même de notre planète, c'est-à-dire les roches qui la constituent. Dans ce livre nous ne ferons qu'effleurer ce dernier sujet, la structure de la Terre devant être décrite plus tard. Nous n'étudierons ici que les phénomènes *actuels*, en commençant par ceux qui prennent leurs éléments dans l'*atmosphère*.

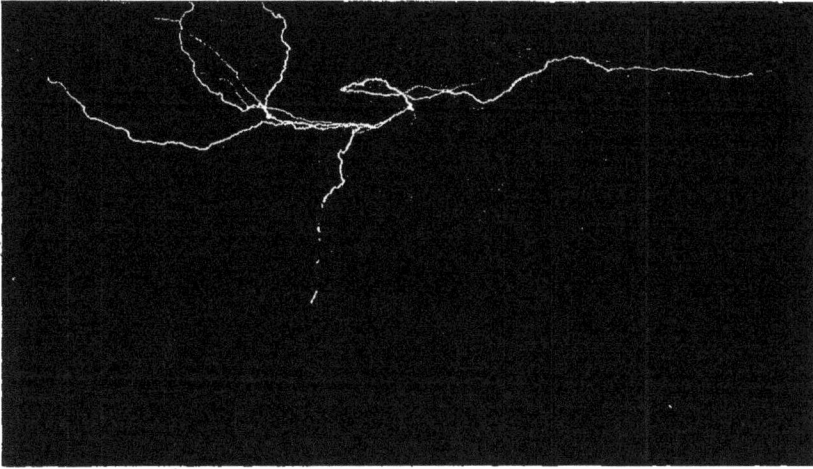

Fig. 2. — *Éclair* et chute de la *foudre*, pendant la nuit.

I. L'ATMOSPHÈRE

1. Composition. — La masse atmosphérique est gazeuse, transparente et invisible; lorsqu'elle est calme, la respiration seule nous révèle son existence. Cependant, si nous fouettons violemment l'air à l'aide d'une canne, il se produit une sorte de sifflement, de déchirement; si nous courons, nous éprouvons encore la résistance de l'air, sans laquelle nous sentons bien que notre course serait plus rapide. Enfin, le vent est la manifestation par laquelle l'atmosphère nous indique nettement son existence et sa force. L'air est un mélange gazeux, principalement composé d'*oxygène* et d'*azote;* il s'y trouve en outre de l'*acide carbonique* dans une proportion de 3 à 4/10000, puis de la *vapeur d'eau* en quantité très variable. L'oxygène attaque les métaux lorsque l'air est humide; en se com-binant avec le fer, il forme l'oxyde de fer, ou *rouille;* avec le cuivre, il produit l'oxyde de cuivre, ou *vert-de-gris.* L'oxygène est indispensable à la vie animale; il l'est aussi, avec l'acide carbonique, à la vie des plantes. La vapeur d'eau résulte de l'évaporation des eaux continentales et océaniques (Voy. paragraphe 17); lorsqu'elle est en excès, elle donne naissance aux nuages (**13**).

    L'air qui constitue l'atmosphère est transparent et invisible; il est formé d'oxygène indispensable à la respiration des animaux, indispensable aussi, avec l'acide carbonique, à la vie des plantes, puis de vapeur d'eau formant les nuages, et d'azote.

2. Densité. — Le litre d'air atmosphérique ne pèse que 1 gramme 3, soit 770 fois moins que l'eau. A mesure que l'on s'élève, la densité de l'air diminue, parce que les couches inférieures subissent le poids des couches supérieures; c'est ainsi qu'à l'altitude de 6 000 mètres sa pression est la moitié de celle qu'il exerce à la surface du sol; cette dernière pression dépasse 100 kilogrammes par décimètre carré. Plus on s'élève, plus la température s'abaisse, parce que sa densité plus faible résiste moins à la pénétration du froid de l'espace (**42**). Quant à la hauteur de l'atmosphère, elle est inconnue ; mais elle doit être considérable : on en trouve la meilleure preuve dans les *étoiles filantes*, qui apparaissent parfois à une centaine de kilomètres dans l'espace ; or, ces corps ne peuvent devenir incandescents que par frottement dans la masse aérienne.

❀ *L'air est de moins en moins dense à mesure qu'on s'élève. A la surface du sol, la pression atmosphérique dépasse 100 kilogrammes par décimètre carré ; elle est réduite de moitié à 6 000 mètres d'altitude. L'épaisseur de l'atmosphère n'est pas inférieure à 100 kilomètres.*

3. Vents. — L'*atmosphère* est en perpétuel mouvement ; ses déplacements sont connus sous le nom de *vents*. On remarque ainsi presque chaque jour des nuages qui, grâce à ces grands courants d'air, avancent majestueusement devant le ciel bleu ; on en distingue même qui marchent en sens contraires parce qu'ils occupent des altitudes différentes et que la direction des vents est capricieuse. Les vents les plus constants sont les *alizés*, qui sont chauds et soufflent de l'équateur vers les pôles, et les *contre-alizés*, qui sont froids et soufflent des pôles vers l'équateur. On a reconnu que ces vents sont dus aux températures très variables de l'air selon les saisons et les latitudes ; les courants chauds étant plus légers que les courants froids, ils se chassent entre eux pour réaliser un équilibre qui d'ailleurs leur échappe toujours. Il en est de même des *moussons*, qui soufflent sur toutes les mers tropicales et changent de direction tous les six mois.

Lorsque certaines conditions atmosphériques se trouvent réalisées, les vents peuvent acquérir une vitesse formidable accompagnée de mouvements tourbillonnaires ; tels sont les *cyclones* et les *trombes*. Les cyclones ravagent l'Océan Indien et la Mer des Antilles ; ce sont des masses atmosphériques qui peuvent avoir un diamètre de plusieurs centaines de lieues, dont le centre est calme et qui se déplacent avec une rapidité de 60 kilomètres à l'heure.

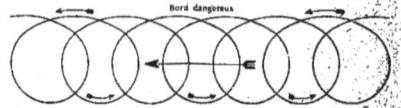

Fig. 3. — Marche d'un *cyclone*.

Le mouvement tourbillonnaire peut offrir un maximum de vitesse de plus de 100 kilomètres par heure au bord dit *dangereux*, c'est-à-dire au point où le bord se déplace dans le sens du mouvement de translation (*fig.* 3). Rien ne résiste à de pareils souffles : les navires sont engloutis ou jetés à la côte, les habitations et les arbres rasés, les eaux des fleuves repous-

Fig. 4. — Photographie instantanée d'une *trombe*, aux États-Unis.

Fig. 5. — Aspect des *dunes maritimes* de Berck-sur-Mer (Pas-de-Calais).

sées vers l'amont. Ces grands cyclones coûtent la vie à de nombreuses personnes et ont laissé dans toute l'étendue de la Mer des Antilles de terribles souvenirs. Le cyclone de Galveston, qui ravagea en septembre 1900 le sud du Texas (États-Unis), fit plus de 8 000 victimes.

Les trombes forment des tourbillons dont le diamètre ne dépasse pas quelques centaines de mètres; elles n'ont pas de centre calme; elles aspirent les poussières, les sables ou les eaux, déplaçant ainsi avec rapidité de grands cônes renversés et sombres qui se diffusent tout à coup (*fig.* 4). Les trombes laissent parfois la trace de plusieurs bonds entre lesquels rien de fàcheux ne s'est produit à la surface du sol.

❁ *Les* vents *sont dus au déplacement de masses d'air de températures différentes. Les principaux vents sont les alizés, les contre-alizés et les moussons. Les vents tourbillonnants engendrent les terribles cyclones et les trombes.*

4. **Dunes maritimes.** — La poussière, la neige, les feuilles mortes sont aisément soulevées par la brise et portées à une distance plus ou moins grande du point où elles sont tombées; il en est de même de tous les terrains sableux privés de végétation : ils sont à la merci du vent; c'est le cas des plages de sable fin accumulé par la mer, et aussi des déserts dont le sol est généralement ruiné par la sécheresse et les grands écarts de température (9). Dans les deux cas la manifestation la plus remarquable de l'action du vent est celle des *dunes*. Les *dunes* sont des collines de sable dont le caractère principal est de s'étendre dans une direction qui est celle des vents dominants; aussi les dunes maritimes menacent-elles toujours l'intérieur des terres. L'emplacement des grandes dunes correspond au relief du sol sous-jacent, le moindre accident de terrain formant un point d'appui suffisant pour l'édification d'un petit monticule de sable qui va grossissant. Le mécanisme des dunes maritimes est fort simple.

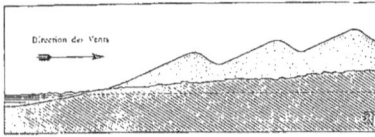

Fig. 6. — Formation des *dunes maritimes*.

La pente qui regarde la mer est douce, elle oscille aux environs de 10°, et le vent y pousse sans effort les grains siliceux du rivage (*fig.* 6); la pente opposée est un talus de chute de 45°. La première pente est donc constamment balayée et la seconde toujours augmentée; il en résulte que la dune s'avance progressivement vers les terres

et que d'autres naissent sur le bord du rivage pour la remplacer. Sur les bords de la mer Méditerranée, les dunes ne dépassent pas 6 ou 7 mètres de hauteur; celles de Gascogne, qui s'étendent aux bords de l'Océan Atlantique sur une longueur de 200 kilomètres, atteignent par endroits près de 80 mètres; il y en a aussi aux environs de Berck-sur-Mer (*fig.* 3) et de Dunkerque, à l'embouchure de la Somme (Planche I, A), etc. Les dunes maritimes de la côte du Sahara, en Afrique, ont 130 mètres de hauteur.

Le vent soulève les sables; il les accumule aux bords de la mer et dans les déserts, sous forme de dunes. Les dunes s'appuient sur le relief du sol. Poussées par les vents de mer, elles se multiplient et menacent les terres. Les dunes de Gascogne atteignent 80 mètres de hauteur.

3. Fixation des dunes. — La marche des *dunes* dans la direction des terres est quelquefois rapide; celles de Gascogne avançaient autrefois de 20 à 25 mètres par an; elles ont enseveli l'église de Lège et le village de Vieux-

Fig. 7.
Dunes maritimes fixées par des pins, à Arcachon (Gironde).

Fig. 8. — Clocher de Skagen, enseveli sous les *dunes*.

Phot. Leroux.

Fig. 9. — *Dunes continentales* des environs de Biskra (Algérie).

Soulac (Gironde), les ports de Mimizan et de Cap-Breton (Landes). En Danemark, elles ont recouvert l'église de Skagen, dont le clocher seul apparaît au-dessus des sables (*fig.* 8). Au XVIIIᵉ siècle, les dunes de Gascogne menaçaient Bordeaux et, sur une longueur de 120 kilomètres, elles retenaient les eaux des rivières et les empêchaient de se jeter à la mer. A l'envahissement des sables s'ajoutaient ainsi les menaces de l'inondation. C'est l'ingénieur français Brémontier qui trouva un remède et l'appliqua heureusement. En effet, le boisement des dunes a assuré l'immobilité des sables et un canal permit l'écoulement des eaux dans la Gironde et dans le Bassin d'Arcachon; puis, pour éviter l'arrivée de nouveaux sables dans les plantations, on façonna les premières dunes qui bordent le rivage de manière à créer un talus à pente raide du côté de la mer et une pente douce vers la terre; c'était renverser ce que la nature avait fait et donner à la végétation le temps de grandir. Aujourd'hui, de magnifiques forêts de pins recouvrent les sables mouvants d'autrefois (*fig.* 7).

❧ *Autrefois, les dunes de Gascogne ensevelissaient les villages et arrêtaient les eaux qui venaient se jeter à la mer. Brémontier*

les recouvrit de semis de pins et fit creuser un canal d'écoulement. Aujourd'hui, de belles forêts assurent l'immobilité de ces dunes.

6. **Dunes continentales.** — Ces dunes, dont la hauteur peut atteindre de 300 à 400 mètres, occupent les *déserts;* il en existe de grands massifs dans le Sahara (*fig.* 9 et 10); elles ne paraissent pas se déplacer beaucoup; leur marche n'est pas régulière; généralement il n'y a pas envahissement des sables dans une direction déterminée et les oasis situées au milieu des dunes ne voient pas leur superficie diminuer. D'ailleurs, les massifs de dunes ne sont pas les points les plus desséchés des déserts: on y trouve toujours, à une profondeur plus ou moins grande, une certaine humidité, et c'est probablement cette base humide qui explique leur immobilité relative. Il arrive cependant qu'un massif de dunes peut être influencé par des vents dits *dominants,* c'est-à-dire qui soufflent plus souvent dans une certaine direction. C'est le cas sur les bords du lac Tchad (Sahara), à la surface duquel soufflent de décembre à mai les vents du nord-est; durant six mois ces vents balayent la surface d'un massif de dunes et comblent

Phot. de M. Vuillot.
Fig. 10. — *Dunes continentales* de l'Erg (Sahara).

ont été perfectionnés et sont devenus des ruelles au fond desquelles
s'ouvrent les demeures de ces tro-
glodytes. Aux environs de Paris,
il existe aussi du lœss et des limons
dont le dépôt serait également dû
au vent, au moins pour une grande
partie. Le vent est encore la cause
des pluies de poussières, de sables
et de cendres volcaniques (**128**)
fréquentes en certains pays.

✿ *Le lœss de Chine est un limon
très épais, déposé en partie par le
vent dans la vallée du Fleuve Jaune.
Il en est de même du lœss des environs de Paris. Les pluies de poussières et de cendres ont la même cause.*

lentement le lac avec les sables qu'ils ont
soulevés (Pl. 1, C). Les trois cents îles sablon-
neuses groupées dans la partie orientale du
lac Tchad n'ont pas d'autre origine et contribuent peu à peu au comblement de cette
masse d'eau autrefois si considérable.

✿ *Les dunes des déserts occupent de
vastes espaces et peuvent atteindre 300 et
400 mètres d'élévation. Elles se déplacent
peu, ce qui paraît dû à l'humidité relative
reconnue dans leur masse. Les vents dominants peuvent cependant transporter une
assez grande quantité de leur sable.*

7. Autres dépôts éoliens. — En
dehors des dunes, le vent donne
lieu à des dépôts considérables dus
à l'accumulation de poussières minérales. Le *lœss* de Chine en est
un exemple; c'est une terre jaune
d'une épaisseur de 600 mètres qui
occupe presque tout le bassin du
Fleuve Jaune, lequel doit la couleur de ses eaux au délayage du
lœss de ses rives. Ce terrain étant
peu résistant, les Chinois l'utili-
sent de deux manières : ils en
cultivent la surface et habitent en
dessous; les ravinements naturels

8. Érosion éolienne. — Le vent
n'édifie pas seulement les dunes, il ronge les
pierres; c'est ainsi que la poitrine du grand
Sphinx d'Égypte est profondément sculptée
par les sables que le vent soulève. Parfois des
roches ont la forme d'énormes champignons
parce que leur base a été usée par les sables
que le vent faisait tourbillonner autour de leur
pied; la *Table du Diable* à Saint-Mihiel
(Meuse) en est un exemple (*fig.* **11**). Au bord
de la mer, il est facile de constater que les
vitres des cabines de bain sont souvent dépo-
lies par la même cause. Certains rochers de
grès qui ont subi longtemps des frottements

Phot. Maton.
Fig. 11. — La *Table du Diable*, à Saint-Mihiel (Meuse).

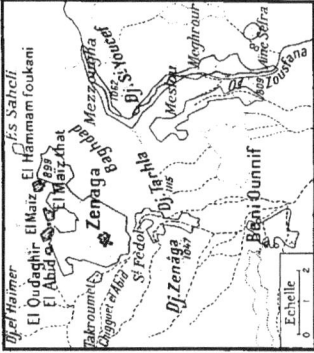

B – OASIS de Figuig

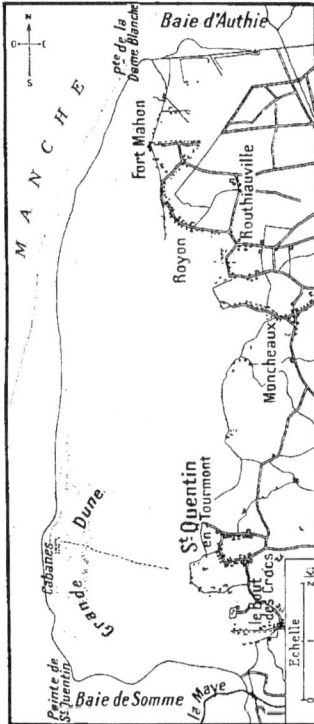

A – DUNES maritimes de la Somme

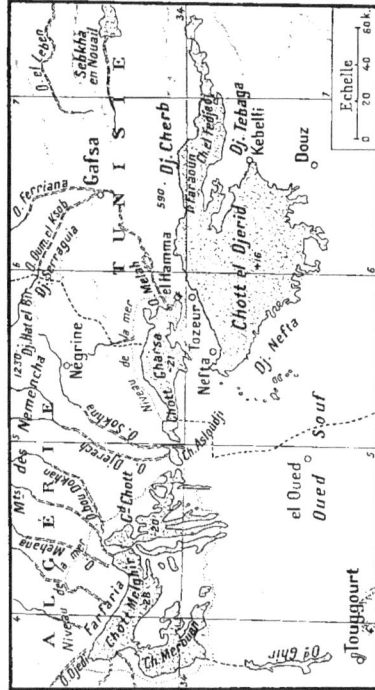

D – Grands CHOTTS du sud de la Tunisie

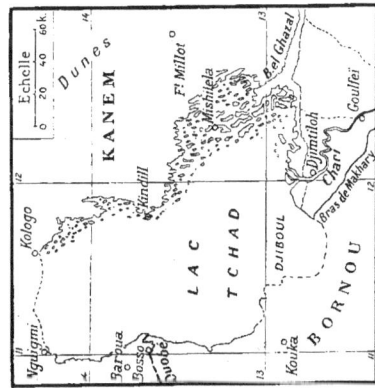

C – COMBLEMENT du Lac Tchad

Fig. 12. — Vue panoramique prise dans le *désert* du Sahara.

analogues offrent des surfaces absolument polies et d'apparence émaillée.

✾ *Le sable déplacé par le vent dépolit les vitres*, ronge *profondément les pierres calcaires et polit les roches résistantes.*

9. Sécheresse de l'air. Déserts.

— Dès que la quantité de *vapeur d'eau* atmosphérique devient insuffisante, les pluies se font plus rares, la végétation qui protégeait le sol disparaît et les matériaux qui constituent ce sol perdent leur cohésion. Il se forme d'abord un *steppe* ou région aride où croît encore misérablement une herbe bientôt desséchée ; si l'état de sécheresse atmosphérique persiste, l'évaporation s'accuse encore, c'est le *désert* qui se produit. L'ancien continent est ainsi traversé d'une longue chaîne de déserts qui traverse l'Asie et l'Afrique, depuis celui de Gobi, en Chine, jusqu'au Sahara, eur une longueur de 13 000 kilomètres. Le plus connu,

le plus grand, le plus exploré des déserts est le *Sahara (fig.* 12), dont une partie a été longtemps considérée comme un ancien fond de mer ; cette idée est abandonnée. C'est dans le régime des vents qu'il faut probablement chercher l'origine des déserts, la *vapeur d'eau* qu'ils apportent en cette région étant insuffisante pour saturer l'air surchauffé. L'absence de vapeur d'eau entraîne les grands *écarts de température ;* dès que tombe la nuit, le froid de l'espace succède à la chaleur terrible du soleil ; chaque année l'écart qui sépare la plus haute de la plus basse température constatée est à peu près de 80°. Les roches les plus dures ne résistent pas à ce régime, qui les disjoint et les fragmente ; certaines plaines sont ainsi couvertes d'éclats pierreux.

✾ *Privé d'humidité, le sol perd sa végétation et sa cohésion ; il devient un désert ; le plus connu est le Sahara. Les déserts sont dus à l'insuffisance de la vapeur d'eau qui leur est* apportée *par les vents. Les grands* écarts de température *ruinent le sol et fragmentent les pierres.*

10. Oueds. — Les déserts sont sillonnés d'érosions larges et profondes, d'interminables ravins qui paraissent être les lits de fleuves desséchés ; on pense qu'ils ont reculé peu à peu vers leurs sources, et un seul de ceux du Sahara aurait persisté : le Nil. Ces ravinements sablonneux, aux berges croulantes, sont des *oueds.* Mais si ces lits abandonnés ont été autrefois ébauchés par des cours d'eau, les pluies actuelles, malgré leur rareté, y produisent parfois des courants torrentiels auxquels ne peut résister un sol ruiné ; ces crues subites ne rencontrent qu'une faible résistance et déplacent un cube énorme de matériaux. Nous verrons plus loin que le régime actuel des oueds peut être comparé à celui des torrents temporaires des montagnes (19).

❊ *Les grands ravins appelés* oueds *sont des lits de* cours d'eau desséchés ; *les rares pluies y produisent parfois des courants torrentiels qui démolissent leurs rives.*

11. Chotts. — Comme les cours d'eau, les grands lacs ont payé leur tribut à l'évaporation ; ils sont devenus d'abord des masses d'eau salée très dense, presque sirupeuse, comme il en existe encore en certains points du Sahara. Leur sursaturation en sel est tellement accusée que le corps des personnes qui s'y baignent se recouvre aussitôt de sel. Ce régime d'évaporation se poursuivant, les eaux ont fini par disparaître complètement d'un certain nombre de ces lacs. Ces étendues desséchées, appelées *chotts*, se présentent comme d'immenses cuvettes recouvertes d'une aveuglante cristallisation de sel sous laquelle persiste quelquefois une certaine humidité. Les plus grands chotts se trouvent dans le sud de la Tunisie (Pl. 1, D).

❊ *Les* chotts *sont des* lacs desséchés : *ils contiennent un peu d'eau salée très dense, ou seulement une couche de sel cristallisé cachant une boue plus ou moins humide.*

12. Oasis. — Dans l'immensité du désert aux sables brûlants, aux rochers brisés, apparaît quelquefois, comme une corbeille de verdure, la silhouette d'un groupe de palmiers : c'est une *oasis.* En effet, si la rareté de l'eau au désert empêche toute culture étendue, chaque source ou point d'eau souterrain y a provoqué l'établissement d'une oasis (*fig.* 13). Les oasis, souvent groupées (Pl. 1, B), sont des localités parfois considérables qui vivent principalement de la culture du palmier dattier ; cet arbre ne saurait vivre en dehors d'un sol suffisamment arrosé. La culture en est facile dans les oasis dotées d'eaux jaillissantes créées par un puits artésien (30) ; ailleurs, les indigènes tirent péniblement l'eau à l'aide d'appareils souvent rustiques. Dans le M'zab (Algérie), où les pluies sont particulièrement rares, il faut aller chercher l'eau jusqu'à des profondeurs de 40 et 70 mètres dans une roche calcaire dure ; et quand ces puits se dessèchent, il faut en creuser d'au-

Phot. Soler.
Fig. 13. — Une *oasis* dans le Sahara.

Fig. 14. — Ciel chargé de *nimbus*, nuages qui apportent la pluie.

tres. A El-Oued, pour se rapprocher de l'eau souterraine, on fait des plantations à 10 et 12 mètres au-dessous du niveau du sol, de sorte que les palmiers ainsi encaissés ne laissent voir que leurs panaches.

❀ *Les* oasis *sont des forêts de dattiers cultivées par les indigènes autour d'un point d'eau naturel ou obtenu par différents procédés plus ou moins pénibles.*

13. Nuages. — Les *nuages* résultent de l'excès de vapeur d'eau (*fig.* 111); le refroidissement de l'air facilite leur formation; on les a divisés en *cirrus* et en *cumulus*. Les cirrus sont formés de fines aiguilles de glace; ils sont blancs, légers, floconneux et planent vers l'altitude de 10 000 mètres. Les cumulus sont constitués par de la vapeur d'eau; ce sont de beaux nuages blancs arrondis, qui font un bel effet d'ouate sur le ciel bleu. Certains cumulus, vastes, épais, sombres et planant bas sont appelés *nimbus;* ils apportent la pluie et les orages (*fig.* 14). Les *stratus* forment de longues barres ou strates parallèles à l'horizon; ce sont des cirrus ou bien des cumulus que l'on aperçoit par la tranche.

❀ *Les* nuages *résultent de l'excès de vapeur d'eau dans l'air; ce sont : les* cirrus *très élevés, les gros* cumulus *blancs, les* nimbus *orageux et les* stratus *disposés en bandes au voisinage de l'horizon.*

14. Foudre. — La *foudre*, signalée par l'éclair et par le bruit du tonnerre, est une décharge électrique qui se produit entre un nuage électrisé et le sol; elle se manifeste au cours des orages (*fig.* 2) et peut entraîner la vitrification des roches et des sables. Dans les dunes du Sahara la foudre produit des *fulgurites*, parfois ramifiées, représentant la fusion et l'agglomération des grains de sable.

❀ *La* foudre *est une décharge électrique se produisant entre un nuage et le sol; elle vitrifie les sables et la surface de certaines roches.*

Fig. 15. — Un *chaos*, dans les gorges d'Apremont (Forêt de Fontainebleau).

II. L'EAU SAUVAGE

15. Pluie. — Lorsque l'air atmosphérique subit un abaissement de température, les nuages quittent leur forme gazeuse, se condensent et se transforment en gouttes d'eau que leur propre poids précipite sur le sol (*fig.* 111). La quantité de *pluie* tombée varie avec le relief du pays et avec la direction du vent. C'est ainsi que son abondance augmente avec l'altitude et que le versant d'une chaîne de montagnes frappé par le vent reçoit plus d'eau que l'autre versant, le premier obligeant les nuages à s'élever, à se refroidir et à se condenser. La quantité d'eau de pluie tombée sur tous les continents, au cours d'une année, est évaluée à 122000 kilomètres cubes.

❀ *Le* refroidissement *des nuages provoque* la pluie ; *il en résulte que celle-ci augmente avec l'altitude. Les chaînes de montagnes reçoivent plus de pluie sur celui de leurs versants qui arrête les nuages.*

16. Pyramides d'érosion. — Dès que la goutte d'eau de *pluie* touche le sol, elle agit, elle commence son rôle géologique et déplace les matériaux sableux ; elle dissout lentement les roches solubles, forme dans les terrains peu résistants des ravins curieusement ramifiés, comme ceux de Rosières, Haute-Loire (*fig.* 16), et donne naissance aux pittoresques *pyramides d'érosion* comme les *Cheminées de Fées* de Saint-Gervais, Haute-Savoie (*fig.* 17). Ces pyramides se forment dans les anciennes moraines, amas d'origine glaciaire qui seront décrits plus loin (**55**). Ces amas sont constitués de matériaux de toutes grosseurs ; la pluie qui entraîne le tout, grain par grain, produit des crêtes aux flancs couverts de rigoles et parfois des pointes dont l'existence sera bien courte si elles ne contiennent pas une grosse pierre plus ou moins

Fig. 16. — Ravinements produits par la pluie, à Rosières (Haute-Loire).

Fig. 17. — Une *Cheminée des Fées*, à Saint-Gervais (Haute-Savoie).

plate pour assurer leur avenir. C'est qu'en effet chaque ondée abaisse les crêtes ; mais si une pierre, tout à coup dénudée, apparaît au jour, elle remplira immédiatement le rôle de *parapluie* et tout ce qui est en dessous sera protégé et demeurera, car la pluie n'emportera que ce qu'elle pourra atteindre. A mesure que le terrain qui l'entoure sera emporté, la pyramide s'allongera et pourra persister tant que la pierre protectrice restera à sa place (*fig.* 18). Les pyramides d'érosion sont nombreuses dans les montagnes, et il en existe de fort belles dans notre département des Hautes-Alpes ; ce sont les *Colonnes coiffées* du ravin de Valaurla et des environs de Molines-en-Queyras, les *Demoiselles* du ravin des Merles, etc. En Suisse, ce sont les *Colonnes* d'Useigne et les *Rouvines* de Villars et d'Arveye, en Autriche les *Pyramides de terre* de Ritten. Des pyramides toutes minuscules se produisent souvent sur les tas de terre ou de graviers lorsqu'ils ont été frappés durant un certain temps par une pluie fine.

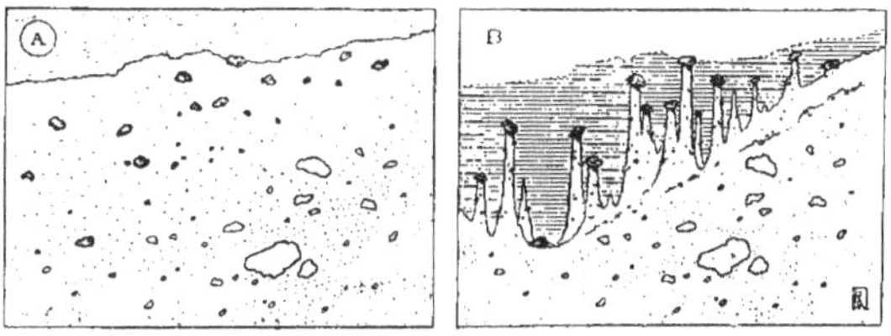

Fig. 18. — Formation des *Pyramides d'érosion*.
A. Coupe du gisement primitif. — B. Le même terrain après érosion partielle.
(Les pierres ombrées en A sont dénudées et perchées en B.)

✿ *La pluie ravine les terrains peu résistants en sculptant des crêtes et des pointes. Les grosses pierres plates dénudées servent souvent de parapluies à ces pointes et protègent ainsi tout ce qu'elles recouvrent, ménageant de grandes colonnes appelées* pyramides d'érosion.

17. Évaporation. — L'eau de pluie, après avoir atteint le sol, donne lieu à trois phénomènes qui se produisent simultanément et qui sont l'*évaporation*, le *ruissellement* et l'*infiltration*. L'*évaporation* des eaux pluviales est très considérable ; elle varie avec les latitudes, la température et la quantité de vapeur d'eau contenue dans l'air. Dans la région de Paris, elle soustrait les deux tiers environ de l'eau tombée, qui retourne ainsi aux nuages ; elle atteint son maximum dans les déserts (9), où l'air privé d'eau en est plus avide que partout ailleurs. L'infiltration qui se produit en terrain perméable sera décrite plus loin (26).

✿ *Dans nos pays, l'évaporation reprend les 2,3 de la pluie tombée et la rend aux* nuages ; *l'évaporation atteint son maximum dans les déserts.*

18. Ruissellement. — Lorsqu'il pleut sur la végétation, les gouttes d'eau sont partiellement absorbées par la terre végétale, qui remplit ainsi le rôle d'une éponge ; mais ce qui tombe sur un sol sans végétation s'écoule en partie à la surface et forme des rigoles plus ou moins nombreuses ; c'est le *ruissellement* (*fig*. 111), qui agit de deux manières différentes : il a une action *mécanique*, par laquelle il entraîne les matériaux légers, et une action *chimique*, due à l'acide carbonique dissous dans l'eau de pluie dans la proportion de 2 1/2 pour 100 ; il émousse ainsi les aspérités des roches calcaires. Ces deux actions donnent lieu à des paysages très différents. Le ruissellement se manifeste principalement en terrain *imperméable ;* si ce terrain est en outre incliné, la concentration des eaux se produit très rapidement, donnant naissance aux *torrents temporaires.*

Mais le ruissellement, sans atteindre ce maximum d'effet, donne lieu aux paysages *ruiniformes* en pays calcaires, et aux *chaos* dans les contrées granitiques et dans certains terrains de grès, comme ceux de Fontainebleau. En dissolvant progressivement les parois des cassures naturelles des calcaires, la pluie finit par les élargir ; en émoussant les arêtes et les aspérités des masses ainsi détachées, elle les arrondit, et il en résulte, comme à Montpellier-le-Vieux, Aveyron (*fig*. 19) et au bois de Païolive (Ardèche), des murailles bizarres, des tours énormes, des portiques en ruine. Les *chaos* se forment

Fig. 19. — Paysage *ruiniforme* de Montpellier-le-Vieux (Aveyron).

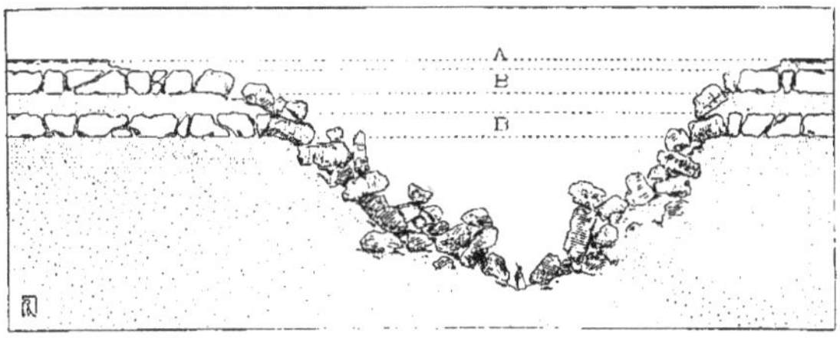

Fig. 20. — Formation des *chaos*.
A. Surface primitive des sables. — B, B. Emplacement des bancs de grès avant l'érosion et la descente des blocs.

d'une manière toute différente. L'assise des Sables de Fontainebleau notamment renferme à sa partie supérieure des bancs de grès plus ou moins brisés ; les grains de sable ont été progressivement entraînés et la surface des grès a été mise à nu ; la pluie les a ensuite dénudés sur toute leur épaisseur, puis dépouillés à leur base, les privant peu à peu de point d'appui ; les blocs se sont alors inclinés, ont glissé les uns sur les autres, s'empilant peu à peu pour la beauté du paysage (*fig.* 15 et 20). Les chaos de granit, comme ceux du Huelgoat (Finistère) et du Sidobre (Tarn), ont été formés de la même manière.

✿ *L'eau des pluies ruisselle à la surface des sols imperméables; elle ronge les terrains calcaires et leur donne des aspects de ruines. Elle entraîne les sables et dénude les blocs de grès ou de granit qu'ils contiennent ; ceux-ci s'empilent et forment des chaos.*

19. Torrents temporaires. — Pour comprendre ce qu'est un torrent tempo-raire, il suffit de considérer les eaux d'orages qui se précipitent coléreuses dans l'ornière d'un chemin incliné en emportant de la terre et en bousculant des cailloux. Le torrent fait en grand ce qui se fait en petit dans l'ornière.

Dans la montagne, toute la région de ruissellement qui donne naissance à un torrent constitue le *bassin de réception* de ce torrent. Ce bassin peut avoir la forme d'un ou de plusieurs *cirques*. Une fois formé, le torrent se grossit encore par le ruissellement de ses berges et par les torrents secondaires qu'il rencontre sur son chemin ; il peut ainsi acquérir une puissance qui, pour être de courte durée et s'éteindre avec l'orage, n'est pas moins fort dangereuse, car la concentration des eaux de pluie est parfois si rapide, si subite, qu'elle peut surprendre hommes et animaux s'ils n'ont pas fui aux premiers grondements des eaux. En 1896, près de

Phot. A. Michel.
Fig. 21. — Le village de Bozel (Savoie) dévasté par un torrent en 1904.

Brienz (Suisse), le torrent qui descend du Giebelegg envahit le village de Kienholz ; grossies par des pluies persistantes, les eaux emportèrent une énorme quantité de matériaux qui résultaient d'éboulements successifs de la montagne et, véritable déluge de boue et de pierres, balayèrent les arbres, les habitations, et envahirent la petite localité tout entière. C'est une catastrophe analogue qui se produisit en juillet 1904 à Bozel, près Moutiers (Savoie), où tout fut dévasté par le torrent de Bourieux (*fig.* 21).

✱ *Les eaux d'orage qui se précipitent dans l'ornière d'un chemin incliné représentent, en petit, un torrent de montagne. Le* bassin de réception *du torrent est la région dont les eaux de ruissellement en se réunissant donnent naissance à ce torrent. La concentration des eaux de ruissellement est toujours*

très rapide, et donne lieu parfois à des catastrophes.

20. Érosion torrentielle. — La force d'*érosion* des torrents temporaires est considérable, non seulement en raison de la violence de leurs eaux, mais surtout à cause des matériaux de toutes grosseurs qu'ils charrient. Or, il existe un grand nombre de torrents dont le débit peut atteindre momentanément celui des grands fleuves. De semblables masses d'eau en se précipitant sur les pentes produisent dans les flancs des montagnes, et surtout à chacun des détours du lit torrentiel, de terribles *affouillements*. Parfois, lorsque certaines conditions donnent lieu au transport d'une très grande quantité de matériaux, il se forme un courant très épais, très dense, principalement composé de terres emportées et sur lequel flottent des rochers souvent énormes, arrachés à la montagne ; on a donné le nom de *lave froide* à ces courants dévastateurs ; ils résultent quelquefois d'un *barrage* du lit torrentiel, produit par de gros blocs arrêtés dans leur chute (*fig.* 22). Il s'accumule en amont de ce barrage accidentel une masse d'eau dont le poids peut faire céder l'obstacle, et la violence du courant enlève alors une telle quantité de terres aux rives, que les eaux se changent bientôt en boue. Sans retenir l'eau, certains encombrements de gros blocs, cédant tout à coup au délayage du terrain qui les supporte, peuvent être précipités dans les vallées ; les catastrophes causées par ces différents dangers sont innombrables.

✱ *Par la violence de leurs eaux et la quantité de matériaux qu'ils transportent, les torrents rongent et affouillent la montagne. Lorsqu'ils emportent beaucoup de matières terreuses ils peuvent se transformer en boue ou lave froide, dont les ravages sont terribles.*

Phot. de M. Ch. Kuss.

Fig. 22. — Blocs formant *barrage* dans le lit d'un torrent temporaire.

Fig. 23. — Cône de déjection *lacustre* sur lequel se trouve le village de Silvaplana (Suisse).

21. Cônes de déjection. — Quand le torrent de montagne aboutit à une vallée, la pente plus faible du sol ralentit subitement son cours, les blocs charriés se déposent les premiers, les autres matériaux vont un peu plus loin et les limons s'arrêtent les derniers. Il en résulte ce qu'on appelle un *cône de déjection torrentiel*, dépôt dans lequel les apports sont à peu près disposés selon leur poids et leur grosseur (*fig.* 24). On verra plus loin que ces cônes ont quelques rapports avec les deltas que forment les cours d'eau (**85**). Les eaux du torrent se frayent un ou plusieurs lits plus ou moins profonds dans la masse de ce dépôt qu'elles remanient fréquemment. Parfois la surface des cônes de déjection est cultivée et le chemin du torrent grossière-ment endigué ; mais ces travaux n'ont aucun avenir, car le lit ainsi ménagé s'emplit rapidement de pierrailles et de blocs, et lors des grandes pluies les eaux renversent leurs barrières et ravagent les cultures.

Les torrents qui apportent leurs eaux dans un lac produisent un *cône de déjection lacustre* qui contribue grandement au *comblement* de ce lac. Le cône est souvent émergé en partie, c'est un cas assez fréquent dans les grands lacs de l'Italie du Nord. Ces cônes partiellement émergés représentent des dépôts énormes, car les lacs de montagne sont profonds et les matériaux apportés s'y étalent largement avec une pente douce. Aussi, lorsqu'une émersion de cône se produit on peut assurer que le domaine du lac est déjà sensiblement diminué. Un des plus intéressants et des plus jolis cônes de déjection lacustre est le cône sur lequel est bâti le village de Silvaplana, en Engadine, Suisse (*fig.* 23).

❧ *Au point où le torrent atteint la vallée, il dépose tout ce qu'il a entraîné, en commençant par les gros blocs et en finissant par les limons : on appelle ce dépôt*

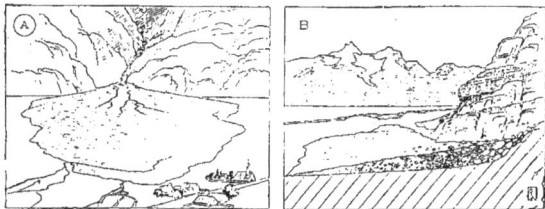

Fig. 24. — Dessin montrant en A la forme, et en B la coupe d'un *cône de déjection* torrentiel.

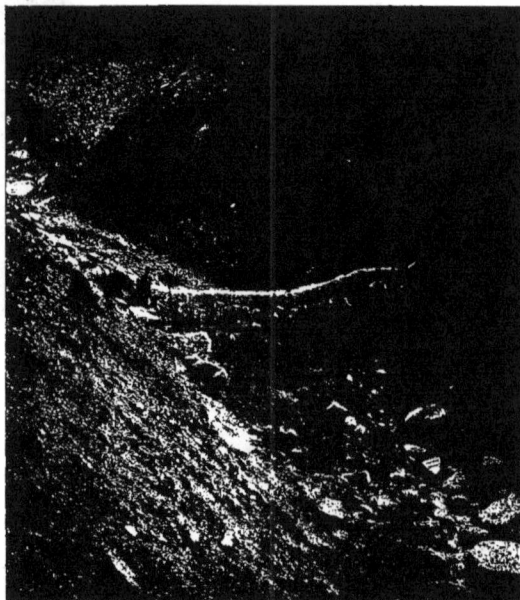

Phot. A. Michel.

Fig. 25. — Début de la *correction* du lit d'un torrent temporaire
et construction d'un premier *barrage*.

un cône de déjection. *Ces cônes se forment
quelquefois au bord d'un lac et le comblent
partiellement.*

22. Dangers du déboisement. — Dans les
terrains calcaires, par exemple, le mal créé
par les torrents est considérable. En bien
des points les Alpes du Dauphiné ne dominent que les ruines de leurs flancs déchirés ; les belles forêts qui les recouvraient autrefois ont disparu. L'homme, qui veut
immédiatement tirer un bénéfice de toutes
choses, a livré les antiques sapinières aux
scieries mécaniques. La petite végétation du
sol qui prospérait à l'abri des feuillages n'a
pas pu résister au grand soleil ; en mourant,
elle a laissé le sol sans protection ; elle l'a

abandonné à l'action du ruissellement. Les pluies ont
emporté la terre végétale, et
la montagne, privée du manteau que la nature lui avait
donné, voit aujourd'hui ses
flancs déchirés par les torrents. A la richesse d'un pays
forestier a succédé la désolation sur la montagne, la misère dans les vallées. Or, les
torrents dévastateurs n'exis-
taient pas au temps des belles forêts.

Mais ce n'est pas tout : au-
dessus de la zone des forêts
se trouve la zone des *alpages*,
ou hauts pâturages d'été.
L'homme n'a pas seulement
détruit les forêts, il a abusé
des prairies pastorales ; épuisée, rongée jusqu'aux racines, écrasée par des bestiaux
qui arrivent trop tôt chaque
année, l'herbe a disparu peu
à peu et, là aussi, la terre
végétale emportée par les
pluies est allée se perdre dans
le lit des torrents.

✿ *Dans les montagnes
où l'homme a* détruit *les
forêts et les hautes prairies, les pluies ont
emporté la terre végétale et créé les torrents.
La désolation et la misère ont succédé à la
richesse.*

23. Restauration des montagnes. — Dès
1846 la nécessité d'une loi de protection s'im-
posa. On reconnut que le désastre pouvait
être diminué et qu'il était possible d'empê-
cher les eaux de ruissellement de se réunir
sous forme de torrents. Pour arriver à ce
résultat le rétablissement de la végétation
était indispensable ; il fallait semer le gazon
sur les pentes douces et les arbres sur les
pentes raides. D'ailleurs on savait que sous la
pluie la terre végétale chargée d'humus remplit le rôle d'éponge ; elle retient en effet deux

fois son propre poids d'eau. En outre, le gazon, par ses innombrables feuilles, disperse les gouttes d'eau et empêche leur concentration. Enfin, la pluie qui tombe en forêt échappe en grande partie à l'évaporation, elle reste plus longtemps sur le sol : c'est l'infiltration qui y gagnerait et l'augmentation de l'infiltration entraînerait la réapparition d'un grand nombre de sources dans des régions desséchées depuis longtemps. Il s'agissait là d'un gros travail qui fut imposé par la loi de 1860.

❊❊ *Pour rendre la richesse aux montagnes, il faut rétablir la végétation disparue, car l'herbe disperse l'eau de pluie ; la terre végétale en retient beaucoup et l'infiltration plus considérable peut entraîner la réapparition des* sources *taries.*

24. Correction du lit des torrents. — Les travaux de restauration des montagnes dénudées commencent par la *correction* des torrents; il faut régulariser la vitesse de leurs eaux afin d'assurer la solidité de leurs berges. Dans ce but, on construit des *barrages* (*fig.* 25), soit en maçonnerie pour les torrents qui donnent toujours un peu d'eau, soit en *pierre sèche*, c'est-à-dire en pierres solidement placées les unes sur les autres, sans ciment ; ces derniers barrages sont les plus nombreux. Leur partie supérieure présente une forme concave destinée à retenir les eaux au centre de leur lit. En Suisse, les barrages sont formés de troncs d'arbres alternant avec des rangs de pierres. Chacun de ces différents barrages provoque naturellement une chute d'eau qui brise la

Phot. de M. Ch. Kuss.

Fig. 26. — Lit d'un torrent à l'achèvement des travaux de *correction*.

vitesse du courant. Ensuite, en établissant convenablement leur hauteur et leur écartement, on arrive à donner une pente très douce à chacun des *biefs*, c'est-à-dire aux parties du lit qui s'étendent entre chaque barrage (*fig.* 26). Dans les ravins des petits torrents secondaires, et sur les berges qui menacent de s'effondrer, on établit des *clayonnages* formés de branchages entrelacés et qui maintiennent le sol d'une manière suffisante.

❀ *La correction du lit d'un torrent comporte la construction de barrages concaves en pierres sèches qui guident les eaux et brisent leur vitesse. Des clayonnages retiennent les berges qui pourraient s'effondrer.*

25. Reboisement. — C'est après les travaux de *correction* que l'on entreprend le *reboisement*. On l'obtient au moyen de *semis* ou de plantations (*fig.* 28). Les semis présentent plusieurs inconvénients : le principal est la destruction des graines par les oiseaux et les petits rongeurs. Les plantations sont rendues possibles par des pépinières installées au voisinage des travaux et abandonnées dès que ceux-ci sont terminés. Les terrains stables reçoivent des semis de conifères (pins, sapins, etc.), les terrains dont la consolidation est urgente réclament des végétations à croissance très rapide. Depuis quelques années, grâce à des travaux de ce genre, un très grand nombre de petits torrents sont *éteints* et de grands torrents sont devenus d'inoffensives rigoles (*fig.* 27).

❀ *Le reboisement s'obtient au moyen de semis dans les terrains stables et de plantations à croissance rapide dans les pentes fragiles. On arrive ainsi à diminuer le débit des torrents et à les éteindre.*

Phot. A. Michel.
Fig. 27. — *Reboisement* des berges d'un torrent.

Fig. 28. — Jeunes *plantations* disposées en cordons sur une pente.

Phot. Boyer.

Fig. 29. — La Lesse à la sortie des *grottes* de Han-sur-Lesse (Belgique).

III. L'EAU SOUTERRAINE

26. Infiltration, dissolution. — Les eaux de *pluie* qui n'ont pas été restituées à l'atmosphère par l'*évaporation* et que le *ruissellement* n'a pas entraînées jusqu'aux cours d'eau s'infiltrent dans le sol si celui-ci est formé d'une roche ou *terrain perméable*, comme les sables, ou bien *fissuré* comme les calcaires, et elles le pénètrent tant qu'elles ne sont pas arrêtées par la présence d'une roche *imperméable*, comme l'argile. Avant de parler des grandes *nappes* d'eau qui résultent de ce phénomène (**29**) il faut suivre le liquide dans son trajet, car les eaux d'*infiltration* par leur propriété *dissolvante* jouent un rôle géologique considérable. En effet, on a vu plus haut (**18**) que l'eau de pluie contient environ 2 1/2 pour 100 de gaz acide carbonique ; nous devons ajouter qu'en pénétrant dans le sol elle en dissout plus encore, surtout au contact des matières organiques, ce qui augmente son action à l'égard des roches solubles, des calcaires notamment. Cette propriété dissolvante est susceptible de provoquer de véritables perturbations dans le sous-sol. En Suisse, la dissolution lente mais continue du gypse a produit à plusieurs reprises des affaissements, des effondrements, qui autrefois furent attribués à des tremblements de terre. La dissolution des roches calcaires donne lieu aussi à des effondrements, et nous verrons bientôt que les gouffres qui s'ouvrent à la surface de certains pays (**31**) sont dus en partie à cette cause.

Les eaux de pluie s'infiltrent dans les terrains perméables ou fissurés jusqu'à la rencontre d'une roche imperméable. Dans ce trajet l'eau chargée de gaz acide carbonique dissout les roches solubles et peut produire des effondrements du sol.

27. Argile à silex. — Les phénomènes de *dissolution* provoquent des résultats variés ; l'un des plus intéressants est celui de l'*Argile à silex*, que l'on rencontre très souvent au-dessus des grandes et épaisses couches de *craie* qui constituent le sol, en Normandie par exemple. La *craie* (**105**) est un calcaire très

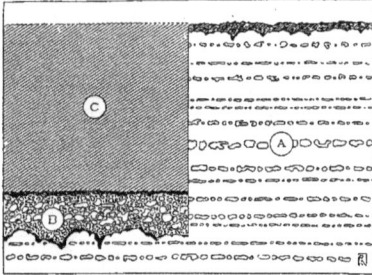

Fig. 30. — Dessin montrant la formation de l'*argile à silex*.

A. Craie blanche intacte avec ses lits de silex. — B. Argile à silex constituant le résidu de dissolution de la masse C.

fin, très blanc et argileux, qui contient beaucoup de rognons de *silex* ou *pierre à fusil* en lits plus ou moins espacés; l'argile à silex est une argile rouge absolument pétrie de silex semblables aux premiers. On croyait autrefois qu'il s'agissait de deux terrains différents tant ils se ressemblaient peu l'un et l'autre. On sait maintenant que les eaux de pluie qui s'infiltrent dans la craie peuvent dissoudre peu à peu cette craie, et qu'il ne reste à la place de la belle roche blanche que le peu d'argile qu'elle contenait et les silex (*fig.* 30). Une couche très épaisse de craie est ainsi devenue une petite couche d'argile rouge et de cailloux insolubles et cette dissolution se poursuit de nos jours, lentement, invisible, mais continue. Dans beaucoup de pays d'argile rouge ce terrain résulte de la dissolution de calcaires disparus et sa couleur est due à l'oxydation du fer impalpable qui était contenu dans le dépôt primitif.

✿ *En attaquant la craie blanche parsemée de rognons de silex, l'eau d'infiltration dissout le calcaire et laisse un mince résidu d'argile rouge pétrie de silex; cette couleur est due à l'oxyde de fer.*

28. Montagnes qui marchent. — Quand une couche d'argile inclinée est imprégnée par les eaux d'infiltration, elle se détrempe, devient grasse et les terrains qui la recouvrent peuvent tout à coup glisser, descendre la pente et causer des catastrophes. Le glissement des couches peut être lent, comme cela arrive le plus souvent pour les *montagnes qui marchent*, ou bien très rapide, comme lors du grand éboulement d'Airolo (Suisse) qui se

Fig. 31. — Le grand *éboulement* d'Airolo (Suisse), en 1898.

Fig. 32. *Tour penchée* de Pise.

produisit en 1898 (*fig.* 31). Les *tours penchées* d'Étampes (Seine-et-Oise), de Pise, Italie (*fig.* 32), etc., sont également dues au délayage de l'argile qui les supporte.

❀ *Le délayage des couches d'argile par les eaux d'infiltration peut entraîner le glissement de grandes masses de terrains, ou l'inclinaison d'édifices comme la Tour penchée de Pise.*

29. Nappes et niveaux aquifères.

— Nous avons dit que *l'infiltration* s'arrête à la rencontre d'une couche imperméable (26), argile ou schiste compact, par exemple. Sur cette couche les eaux s'accumulent, imprégnant la partie inférieure de la roche traversée. Si cette roche est sableuse, c'est une *nappe aquifère ;* s'il s'agit d'une roche compacte mais fissurée, c'est un *niveau d'eau.* L'importance de cette nappe ou de ce niveau varie avec l'abondance des pluies, l'allure de la couche imperméable et l'éloignement plus ou moins considérable de ses déversoirs ou *sources.* La disposition la plus simple d'une *nappe aquifère* comporte une couche imperméable horizontale, affleurant au flanc d'une vallée avec une ou plusieurs sources ou suintements constants (*fig.* 33) ;

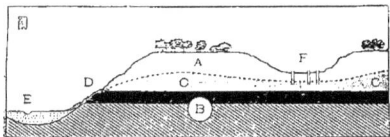

Fig. 33. — Disposition d'une *nappe aquifère.*
A. Couche perméable. — B. Couche imperméable sur laquelle se sont arrêtées les eaux d'infiltration qui constituent la nappe aquifère CC. — D. Source dont les eaux vont alimenter le cours d'eau E. — F. Vallée sèche avec puits.

mais il n'en est pas toujours ainsi, car certaines nappes de peu d'étendue s'épuisent avec les sécheresses prolongées. Il arrive aussi que la profondeur des eaux les rend inaccessibles à la surface, leur niveau se poursuivant sensiblement au-dessous des dépressions du sol et ne donnant lieu à aucun déversoir ou source ; il faut alors les atteindre avec des *puits* (*fig.* 33).

Les *niveaux aquifères* s'observent facilement aux flancs de certaines falaises où des sources abondantes, se succédant horizontalement, à la suite les unes des autres, indiquent le point où le terrain fissuré repose sur une couche imperméable (*fig.* 34). C'est le cas des

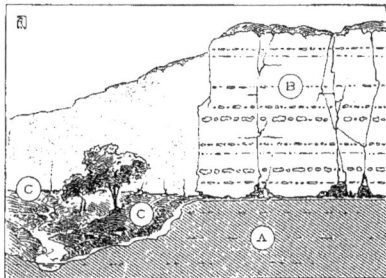

Fig. 34. — Disposition d'un *niveau aquifère.*
A. Roche imperméable arrêtant les infiltrations de la roche fissurée B. — C, C. Sources.

falaises du cap Gris-Nez (Pas-de-Calais) et des environs d'Étretat (Seine-Inférieure).

❀ *L'infiltration s'arrête à la rencontre d'une couche imperméable, formant une nappe aquifère dans les terrains sableux ou un niveau aquifère dans les roches compactes, mais fissurées.*

30. Puits artésiens.

— Il arrive quelquefois qu'une *nappe* est complètement inaccessible, non pas seulement à cause de sa grande profondeur, mais parce qu'elle est séparée des terrains qui la recouvrent par une couche *imperméable* qui lui sert de *plafond.* Les eaux emprisonnées se trouvent alors dans les conditions que réalise le bassin géologique de Paris (*fig.* 35). En effet, les couches qui constituent ce bassin forment une série d'immenses *cuvettes* exactement *emboîtées* les unes dans les autres et dont les bords viennent affleurer au jour à une assez grande distance de la capitale. Paris occupe à peu près le centre de ces cuvettes, à une altitude inférieure à celle de leurs bords. Or une des couches profondes de cet ensemble est formée de sables verts qui représentent la couche aquifère ; ces sables sont

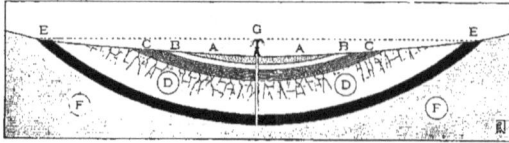

Fig. 35. — Disposition d'un *puits artésien* de Paris.

A, B, C, D. Couches diverses. — E E. Argile imperméable. — F F. Sables verts
aquifères. — G. Orifice du puits artésien.

recouverts d'une couche d'argile imperméable
qui les isole complètement de tous les terrains
supérieurs; ils sont en outre alimentés en
eau par les infiltrations des bords de leur cu-
vette. On voit quelle pression d'eau doit se
manifester sous Paris et on comprend que si
cette eau est mise en communication avec la
surface du sol par une conduite verticale, elle
jaillira jusqu'à une hauteur voisine de celle de
ses surfaces d'infiltration, obéissant ainsi à la
loi des *vases communicants*. C'est alors une
nappe jaillissante ouverte par un *puits artésien*. Paris possède quatre puits artésiens. La
France en a foré un grand nombre en Algérie
pour le développement des oasis (*fig*. 36).

Fig. 36. — *Puits artésien* d'une oasis d'Algérie.

❀ *La nappe aquifère peut
se trouver retenue sous une
couche* imperméable, *comme
dans le bassin géologique de
Paris, où on a pu l'atteindre
et la faire* jaillir *à la surface du sol au moyen de* puits
artésiens.

31. Gouffres, abîmes. —
A la surface des grands pla-
teaux calcaires ou *causses* de la région des
Cévennes s'ouvrent parfois de véritables pré-
cipices dont on n'aperçoit pas le fond et sur
lesquels on raconte une foule de légendes.
Souvent des bestiaux broutant l'herbe maigre
du causse s'en sont approchés de trop près et
y sont tombés.

Nous avons vu l'*infiltration* donnant naissance aux nappes aquifères, nous allons la
suivre formant des cours d'eau souterrains;
nous allons pénétrer dans les grottes et les
cavernes par les gouffres. Les *gouffres* et
abîmes, que l'on désigne par une foule de noms
différents selon les pays (*fig*. 37 et 38), présentent souvent une forme de cône, d'entonnoir
renversé, de bouteille, dont
la pointe se trouve par conséquent en haut et la partie
évasée en bas; ce sont les
avens des causses du Tarn,
les *dolines* de la Carniole
(Autriche). Tous communi-
quent d'une manière plus
ou moins directe, plus ou
moins apparente, avec les
grottes dans lesquelles se
manifeste la *circulation
souterraine* des eaux. Les
gouffres représentent l'élargissement progressif des cassures du sol, en particulier
au point de rencontre de
deux cassures, par les eaux
de ruissellement et d'infiltration chargées d'acide carbonique (**26**); des *effondrements* partiels résultant de

cette corrosion en élargissent la base.

✿ *Les gouffres des pays calcaires résultent de l'élargissement des cassures du sol par les eaux ; leur forme évasée vers la base est partiellement due à des effondrements.*

32. Principaux gouffres. — M. E. A. Martel est le premier explorateur

des gouffres de France ; il en a découvert et visité un grand nombre. Malheureusement, la plupart d'entre eux sont obstrués par des éboulis ou bien se terminent par des fissures étroites qui ne permettent pas à un homme de passer, de sorte qu'en bien des cas l'espoir de découvrir de nouvelles grottes a été déçu. Les départements de Vaucluse, des Basses-Alpes, de l'Ardèche comptent de nombreux avens. Dans l'Hérault, l'abîme de Rabanel a 212 mètres de profondeur. Dans l'Aveyron, on remarque entre autres l'aven de Tabourel (133 mètres) ; il s'enfonce dans les entrailles du sol en une série de six cônes réguliers. En Lozère, citons l'aven Armand, 207 mètres (*fig. 39*), et dans le Lot, le beau puits de Padirac (*fig. 38*), qui conduit à de fort belles grottes que l'on peut visiter. Le gouffre le plus profond de France est le *Chourun Martin* (Hautes-Alpes), dont la profondeur est de 310 mètres. Certains abîmes de la Carniole (Autriche) sont extrêmement profonds : le *Trou de Trebic* ou Trebiciano, situé à 6 kilomètres de Trieste, est le plus profond du monde entier ; il mesure 322 mètres depuis son orifice jusqu'au lac qui en occupe le fond. Un grand nombre de dolines indiquent à la surface du sol de la Carniole le trajet souterrain des belles et célèbres grottes d'Adelsberg. En plusieurs pays ils jalonnent ainsi les courants d'eau souterraine et y conduisent rapidement les eaux pluviales.

✿ *Le plus profond gouffre de France est le Chourun-Martin (310 mètres), et le plus profond du monde est le Trou de Trebic (322 mètres). Les gouffres jalonnent souvent le trajet souterrain des grottes.*

Phot. de M. Martel.

Fig. 37. — Un *gouffre* du département des Hautes-Alpes.

Phot. de M. A. Viré.

Fig. 38. — Le fond du *gouffre* ou *Puits de Padirac* (Lot).

33. Grottes, cavernes. — Dans les terrains calcaires, les *eaux d'infiltration*, au lieu de remplir seulement les fissures naturelles pour constituer un niveau aquifère, forent des grottes plus ou moins considérables, dans lesquelles elles se réunissent pour former de véritables *cours d'eau souterrains*. La réapparition de ces eaux au jour donne lieu à des sources assez abondantes pour former immédiatement des rivières. Là encore il s'agit de *cassures* naturelles travaillées par les eaux et progressivement agrandies, et ce sont ces cassures préexistantes qui ont guidé les eaux (*fig.* 40). Celles-ci arrivent dans les couloirs d'écoulement non seulement par les gouffres après les orages, mais par une quantité de fentes plus ou moins ouvertes qui elles-mêmes bénéficient du tribut que leur apportent goutte à goutte les moindres fissures plus étroites. Dans la grotte de Padirac, après une période de pluies, l'infiltration donne lieu à une véritable pluie souterraine dans toutes les galeries, et les parois sont *ruisselantes*.

❀ *En rongeant les cassures du sol, les eaux d'infiltration les élargissent et creusent*

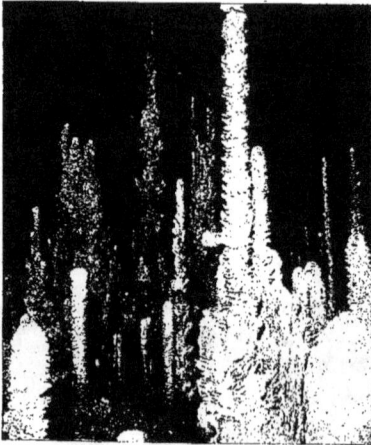

Phot. de M. Martel.
Fig. 39. — *Stalagmites* de l'Aven Armand (Lozère).

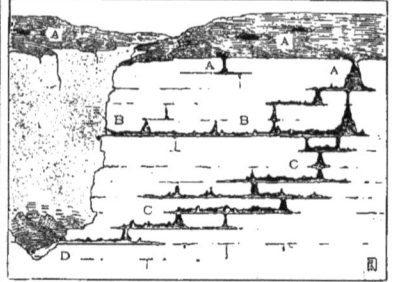

Fig. 40. — Relation existant entre les gouffres, les grottes et les *cassures* du sol.

A, A. Gouffres d'absorption s'ouvrant à la surface d'un plateau calcaire. — B B. Grotte desséchée et abandonnée par la descente progressive des eaux. — C C. Grotte étagée suivant les couches du sol et dans laquelle circulent les eaux. — D. Source.

des vides ou grottes *dans lesquelles elles forment des* rivières souterraines.

34. Allure des grottes. — Mais c'est par exception que certaines grottes présentent des salles immenses comme celles d'Adelsberg (Autriche) et de Han-sur-Lesse, Belgique (*fig.* 29); les eaux circulent ordinairement dans de longs couloirs ou boyaux dont la coupe, l'allure et l'inclinaison sont en apparence des plus capricieuses ; les couloirs sont recoupés perpendiculairement par des puits verticaux qui par en haut leur apportent le tribut de leur suintement, et en bas provoquent la chute de leurs eaux dans les cavernes inférieures. Certaines grottes présentent ainsi plusieurs étages successifs (*fig.* 40) ; c'est le cas de la grotte des Baumes-Chaudes (Lozère). Par endroits les couloirs souterrains présentent des étranglements dus à la plus grande dureté et par conséquent à la plus grande résistance du calcaire. Parfois le couloir s'abaisse brusquement, puis se relève, reproduisant ainsi les deux branches d'un V rempli d'eau : c'est un *siphon*. Les *siphons* régularisent l'écoulement des eaux souterraines au dehors, ils les empêchent de s'écouler trop brusquement après les pluies.

✿ *Les grottes sont formées de longs couloirs qui peuvent occuper plusieurs étages réunis par des* puits verticaux. *Les cours d'eau y sont parfois coupés de* siphons *qui régularisent leur débit.*

35. Stalactites, stalagmites.

— Un certain nombre de grottes offrent des stalactites et des stalagmites. Les *stalactites* suspendues en franges gigantesques à la partie supérieure des grottes ou en draperies contre leurs parois, les *stalagmites* qui s'élancent en cierges géants, en clochers (*fig.* 39), en minarets (*fig.* 41), résultent les unes et les autres de la dissolution par les eaux *d'infiltration* des couches calcaires supérieures ; elles en représentent la portion la plus pure. Chaque goutte d'eau a apporté sa parcelle de calcaire cristallisé ou *calcite* et l'a déposée, formant avec le temps les plus belles décorations, les plus belles colonnades. Ces formations se produisent dans les parties que les eaux, qui s'enfoncent toujours, ne peuvent plus atteindre et recouvrent les parois abandonnées. Les stalactites et les stalagmites parviennent souvent à se rejoindre et forment ainsi des *colonnes*. En effet, les eaux de suintement qui arrivent à l'extrémité d'une stalactite tombent goutte à goutte sur le sol, et, comme elles ne sont pas débarrassées de tout leur calcaire dissous, elles consacrent ce qui leur en reste à la construction d'un édifice ou stalagmite qui partira du sol et progressera verticalement jusqu'à rejoindre la stalactite.

✿ *En déposant le calcaire qu'elles ont dissous dans leur trajet, les eaux donnent naissance aux* stalactites, *qui sont suspendues au plafond des grottes, et aux* stalagmites, *qui partent du sol à la rencontre des premières.*

36. Principales grottes.

— Les *grottes* sont très nombreuses en France, notamment dans la région des causses, ainsi qu'en Carniole (Autriche). La grotte de Padirac (Lot) renferme un ruisseau de 2 kilomètres de longueur qui forme 12 lacs ; les touristes peuvent

Phot. de M. Lasson.

Fig. 41. — Salle du minaret dans la *grotte de Dargilan* (Lozère).

la visiter depuis 1899. La grotte de Dargilan (Lozère) est la plus belle de France (*fig.* 41); elle a été découverte en 1880 et explorée en 1888; elle présente 20 salles richement décorées de stalactites. Les plus belles stalagmites sont celles de l'aven Armand, Lozère (*fig.* 39). La grotte de Han-sur-Lesse, Belgique, offre d'admirables salles et un développement de 5 kilomètres (*fig.* 29); la partie que l'on visite est desséchée, car les eaux se sont peu à peu enfoncées dans le sol et restent invisibles au visiteur. La grotte d'Adelsberg, qui est peut-être la plus belle du monde, est formée de 10 kilomètres de galeries reconnues; ses concrétions de calcite sont extrêmement abondantes et d'une grande beauté; comme dimensions elle est la première d'Europe. La plus grande du monde est la grotte du Mammouth (États-Unis); ses nombreuses galeries présentent un développement de 50 à 60 kilomètres.

✿ *La plus belle grotte de France est celle de* Dargilan; *la plus belle d'Europe est la grotte* d'Adelsberg *et la plus grande du monde est celle du* Mammouth.

37. **Sources.** — Les sources constituent la réapparition au jour des eaux de pluie retenues momentanément par l'infiltration (*fig.* 111). Comme il a été dit plus haut (29), les sources coïncident toujours avec l'affleurement d'une couche *imperméable* qui a empêché les eaux de descendre plus profondément (*fig.* 33 et 34). Lorsque les sources représentent le déversoir d'une nappe aquifère, elles ne sont pas extrêmement abondantes et ne se manifestent quelquefois que par des *suintements* dont la répétition sur une faible distance suffit pour former un petit ruisseau dont le débit grossira tout le long de sa vallée grâce à l'appoint d'autres sources. Quant aux niveaux aquifères, la réapparition de leurs eaux forme des sources souvent abondantes: elles sont déjà *rivières souterraines* avant d'être rivières aériennes et il en est qui, à peine sorties du sol, mettent en mouvement des moulins ou des turbines. Mais il est important de dire que si l'eau des nappes aquifères s'est parfaitement *filtrée* à travers les terrains meubles ou sableux

qu'elle a traversés, l'eau des niveaux aquifères, qui a circulé dans les entrailles du sol, sans obstacles sérieux, n'a pas cessé de transporter les microbes qu'elle pouvait contenir; la limpidité apparente de ces eaux indique seulement qu'elles ont pu se débarrasser des matières limoneuses qui les troublaient.

✿ *Les sources apparaissent à l'affleurement des nappes ou bien des niveaux aquifères. Les premières n'ont généralement qu'un faible débit et sont filtrées, les autres sont assez abondantes pour former immédiatement des cours d'eau et ne sont pas filtrées.*

38. **Régime des sources.** — On distingue les sources *permanentes* ou *pérennes*, dont le débit peut être constant ou variable, et les sources *intermittentes*, qui peuvent être régulièrement périodiques ou temporaires et capricieuses. Toutes les sources sont plus ou moins minéralisées, car toutes les eaux ont un pouvoir dissolvant dont nous avons déjà expliqué l'action géologique (18 et 26) et qui varie avec la solubilité des terrains qu'elles traversent.

✿ *Il y a des sources* permanentes *et des sources* intermittentes. *Toutes sont plus ou moins minéralisées.*

39. **Hygiène des sources.** — L'étude des sources qui représentent le déversoir des *niveaux aquifères* en pays calcaires est fort intéressante au point de vue géologique, mais elle est aussi de la plus grande utilité pour l'hygiène. Les variations d'une source, le chemin souterrain suivi par ses eaux, et l'emplacement des gouffres qui peuvent jalonner le trajet de ces eaux sont à connaître. Il était autrefois un usage qui consistait à jeter dans les gouffres toutes les matières inutiles et encombrantes et notamment les bestiaux morts de maladie; cet usage existe encore en certains points. Or, les eaux d'infiltration qui donnent naissance à la circulation souterraine commencent par tomber sur ces immondices. Quand les paysans auront bien compris qu'en puisant aux sources leurs eaux d'alimentation ils s'exposent à boire le lavage de cadavres en putréfaction, ils se débarras-

seront de leurs charognes d'une façon moins sommaire. Un autre danger plus grand encore existe dans la situation de quelques cimetières de campagne. En certains pays, on s'empresse de les établir sur une colline au pied de laquelle se trouve le village et les sources d'eau potable : on a ainsi placé les sépultures, dans un but d'hygiène, pour que les vents emportent au loin les émanations qui pourraient sortir du sol ; mais on n'a pas songé aux eaux d'infiltration, qui en le pénétrant commencent par entraîner tous les germes mis à leur disposition par le travail de la décomposition. Une partie de ces éléments dangereux est apportée par les sources, ce qui constitue un immense danger.

L'étude des eaux souterraines est des plus importantes pour l'hygiène. On ne doit plus jeter les animaux morts dans les gouffres, ni placer les cimetières sur les collines, car les eaux d'infiltration lavent ces terrains et en transportent *les germes dangereux jusqu'aux* sources.

40. Enfouissement des eaux. —

Malheureusement, il se produit en maints pays un *enfouissement* progressif des eaux souterraines, qui a pour résultat la disparition des sources. L'érosion et la corrosion, en mordant toujours plus profondément les régions calcaires, entraînent d'abord les rivières extérieures dans le sol, en font des rivières souterraines, puis les éloignent de plus en plus de la surface au grand détriment de l'alimentation, de l'agriculture et de l'industrie. M. E.-A. Martel, l'explorateur des cavernes, a constaté l'assèchement de certaines vallées et de certaines sources. La descente des sources dans la direction aval par réduction de débit est un cas fréquent. Des exemples ont été relevés dans l'Aisne, la Dordogne, le Vaucluse, le Gard, le Lot, la Charente-Inférieure, etc., et il n'est pas rare de rencontrer des moulins à eau qui attendent le retour des eaux sur les bords d'un ravin desséché.

La réduction du débit des cours d'eau, l'enfouissement des eaux souterraines et la disparition des sources sont fréquents dans les régions calcaires.

41. Principales sources. —

Les plus intéressantes sources de France sont la source de la Touvre (Charente), la Fontaine de Vaucluse qui a donné son nom au département et qui paraît représenter un très curieux siphon naturel (**34**). Les sources du Lison et du bief Sarrazin (Doubs) sont des plus pittoresques. Dans le même département, les sources de la Loue et du Ponté sont également des buts d'excursion fort jolis. La source du Germe, à Sassenage, Isère (*fig. 42*), sort d'une vaste grotte à l'entrée de laquelle se trouvent deux grandes excavations arrondies appelées Cuves de Sassenage et qui ont été creusées par les eaux. La Fontaine de Tourne (Ardèche), la source du Jaur et la Fontaine de Saint-Pons (Hérault) sont fort intéressantes. La source du Loiret est tout à fait particulière, les eaux sourdent au fond d'un bassin naturel et leur arrivée n'est trahie que par un léger remous.

Les plus belles sources de France sont celles de la Touvre, du Lison, de la Loue, du Germe, du Loiret, la Fontaine de Vaucluse, etc.

Fig. 42. — La source du Germe, à Sassenage (Isère).

IV. L'EAU SOLIDE

42. Froid des hautes régions. — Nous avons suivi l'*eau sauvage* depuis la *goutte de pluie* jusqu'aux *sources* en passant par l'*eau souterraine*, maintenant nous allons suivre l'*eau solide* depuis le *cristal de neige* jusqu'à la fonte des glaciers ou *sources glaciaires*; alors nous pourrons étudier les *cours d'eau* auxquels ces deux phénomènes nous conduiront.

Au-dessus d'une certaine altitude la *pluie* est remplacée par la *neige* (**47**) ; cette altitude est nulle dans les régions polaires, elle atteint 4 000 mètres dans les contrées équatoriales, elle varie de 2 700 à 3 000 mètres dans les Alpes et y marque le *niveau* des *neiges persistantes*. Ajoutons que ce niveau indique seulement le point à partir duquel les températures froides accumulent plus de neige que les températures tièdes n'en peuvent faire dissoudre, car dans nos climats, durant la belle saison, le soleil produit chaque jour un dégel superficiel à toutes les altitudes. La persistance des neiges à partir d'une certaine altitude est due à la pénétration du froid de l'espace dans l'atmosphère raréfiée; celle-ci, en effet, a perdu une partie de la propriété isolante qui lui permet, dans les régions inférieures, de limiter le rayonnement ou déperdition de la chaleur terrestre, dans l'espace. La limite des neiges est toujours beaucoup plus élevée que celle des glaciers ; nous verrons que ceux-ci, par l'énormité de leur masse et la compacité de leur structure, résistent plus longtemps à la fusion.

❋ *Au-dessus d'une certaine altitude l'eau du ciel tombe sous forme de* neige. *Le niveau des neiges persistantes est celui au-dessus duquel le froid accumule plus de neige que le soleil n'en peut faire fondre.*

43. Action du gel. — C'est la fonte superficielle de la neige, à toutes les altitudes, qui est le grand agent de démolition des montagnes, et fait que les hauts sommets s'écroulent avec une effrayante rapidité. Les cimes, en effet, se dressent presque verticales et la neige ne peut s'y fixer qu'en très petite quantité, profitant de toutes les aspérités et des moindres creux (*fig.* 44). Ainsi blottie, la neige n'attend que le soleil pour accomplir son œuvre ; alors l'eau qui en résulte suinte sur le roc, pénétrant dans les moindres fêlures. Pendant la nuit, l'eau se congèle en augmentant de volume, elle remplit le rôle d'un coin au fond de chaque fêlure, et il se produit un soulèvement et un écartement imperceptibles de toutes les parties de la roche qui ont été atteintes par le suintement des eaux. Au jour, le soleil, en venant réchauffer l'air, amènera la fonte de la glace, et d'innombrables fragments de pierre, encore fixés la veille, ne feront plus corps avec la montagne. Au bout de quelques jours, définitivement chassées par la répétition du même

Phot. de M. A. Brault.
Fig. 43. — Sommet de l'*Aiguille* de Grépon.

Fig. 44. — Démolition en forme d'*aiguilles* des montagnes *granitiques* (Massif du Mont-Blanc).

Phot. Tairraz.

phénomène, les pierrailles descellées tombent. bondissent sur les flancs des montagnes et s'accumulent à leur pied, alimentant les moraines (55) si le fond est un glacier. élevant un cône d'éboulis (45) s'il s'agit d'un sol fixe.

❋ *Le soleil dissout les petits amas de neige retenus par les aspérités du roc ; l'eau de fonte s'insinue dans les fêlures de la pierre. se congèle durant la nuit en augmentant de volume, et descelle toutes les parties entre lesquelles elle a pu pénétrer. Ainsi le gel démolit les montagnes.*

44. Démolition des sommets. — Comme le ruissellement et l'action dissolvante des pluies. la démolition par le *gel* donne lieu à des formes très différentes selon qu'il s'agit de montagnes *granitiques* ou de montagnes *calcaires*. Les premières forment des pointes. qui justifient le nom d'*aiguilles* qui leur a été

donné en plusieurs points des Alpes. notamment dans le massif du Mont-Blanc où quelques-unes représentent des ascensions très difficiles (fig. 43 et 44 ; c'est qu'en effet la forme aiguë d'un sommet résulte du mécanisme qui le détruit : l'action du gel s'étend sur les flancs des montagnes et son travail peut être comparé à celui du rémouleur qui aiguise la lame d'un couteau en usant les côtés de cette lame : les cimes pointues des montagnes granitiques sont également dues à l'amincissement de leurs côtés. Les montagnes calcaires sont toujours *ruiniformes* et offrent des aspects analogues à ceux que nous avons décrits précédemment 18 . Les montagnes dolomitiques du Tyrol sont tout à fait remarquables à cet égard (fig. 45 ; partout des murailles verticales. des forteresses géantes se découpent sur le ciel et des coupures profondes les entaillent : ce sont

Fig. 45. — Démolition *ruiniforme* des montagnes *calcaires* (Alpes du Tyrol).

des masses crénelées, des groupements de tours énormes et aussi des parois vertigineuses qui ne peuvent être escaladées que par des ravinements étroits appelés *couloirs d'avalanches* ou *cheminées*.

✿ *Les montagnes* granitiques *déchiquetées par le gel forment des pointes aiguës, des aiguilles. Les montagnes calcaires sont ruiniformes et ont l'aspect de murailles et de tours géantes traversées de coupures profondes ou* cheminées.

43. Cônes d'éboulis. — C'est en suivant les cheminées que les pierrailles détachées par le gel descendent des sommets. Les flancs de certaines montagnes sont hachés de cheminées; nous verrons bientôt que les pierres qui tombent sur le glacier forment des moraines (**55**). Celles qui rencontrent le sol fixe d'une vallée forment à la base de la montagne un amas plus ou moins considérable qui va s'épanouissant : c'est un *cône d'éboulis* (*fig.* 46).

Alors que le cône de déjection torrentiel s'étale largement à la faveur des eaux qui l'ont formé, le cône d'éboulis s'élève en hauteur, dressant son sommet dans la cheminée qui l'a apporté. Ensuite, ce sont les gros matériaux qui, lancés sur la pente, roulent au loin, alors que les plus fins restent vers la partie supérieure. Les lacs de montagne sont souvent en voie de comblement du fait des cônes d'éboulis; le cas est très fréquent dans les Pyrénées. En étudiant ainsi le mécanisme et les résultats de la démolition des sommets, on en doit conclure que le *gel* contribue à *raser* les massifs montagneux.

✿ *Les pierres détachées par le gel s'éboulent par les cheminées. En tombant sur un sol fixe elles forment un amas conique dit cône d'éboulis. Le gel contribue à raser les massifs montagneux.*

46. Fixation des éboulis. — Il arrive parfois que des cônes d'éboulis sont très envahissants, à cause de l'abondance de matériaux que leur fournissent des avalanches trop fréquentes ; ils peuvent alors donner de réelles inquiétudes pour la sécurité des villages placés dans l'axe de leurs déjections. Vers 1883, un grand cône des environs de Cauterets (Hautes-Pyrénées), résultant de la démolition d'une partie du mont Peguère, menaçait l'établissement thermal (*fig.* 46). On entreprit alors les travaux de réparation usités en pareil cas : les blocs instables qui encombraient la partie supérieure du couloir d'avalanche furent divisés et servirent à construire des *banquettes* ou petites murailles de soutènement en pierres non maçonnées ; les parties meubles du sol furent recouvertes de plaques de gazon et un reboisement méthodique assura la solidité de l'ensemble. En quelques années le cône de Cauterets fut parfaitement fixé.

Par leur extension rapide, certains cônes d'éboulis peuvent devenir dangereux ; on les fixe au moyen de petites murailles de soutien et par le reboisement.

47. Neige, avalanches. — La neige qui s'est formée dans une atmosphère calme est constituée par des *cristaux étoilés* (*fig.* 47) : ces cristaux groupés constituent les *flocons* de neige. Dans les hautes régions des Alpes, elle s'accumule en masses énormes formant, selon la forme du sol qui la porte, des dômes gigantesques, des plateaux immenses ou des pentes vertigineuses qui écrasent de leur grandeur les glaciers proprement dits. La neige se substitue à la pluie dès que la température est inférieure à 0° ; au-dessous de cette température, elle se produit à tous les degrés et

il ne paraît pas y avoir de limites comme on l'a cru autrefois. L'abondance des neiges sur les montagnes varie avec l'humidité de l'air ; les massifs montagneux jouissant d'une atmosphère très sèche ne reçoivent que fort peu de neige ; dans ces conditions, la chaleur du soleil suffit pour la dissoudre et elle ne donne naissance à aucun glacier. Comme la pluie, la neige tombe plus abondante sur le versant montagneux contre lequel butte l'ef-

Fig. 46. — *Cône d'éboulis* de Cauterets avant la fixation.

Fig. 47. — Forme étoilée des cristaux de *neige*.

fort du vent qui l'apporte ; il en résulte souvent une altitude fort différente de la limite des *neiges persistantes* sur les deux versants d'un même massif montagneux. Dans les Alpes, la quantité annuelle de neige tombée varie entre 5 et 15 mètres d'épaisseur. Lorsque la neige s'accumule en quantité aussi considérable sur les pentes, il arrive un moment où le grand poids de la masse produit des éboulements ou *avalanches ;* ce phénomène se manifeste dans les vallées, surtout au printemps, où leur répétition donne souvent lieu, à la base des principales cheminées, à des *cônes d'avalanches*, qui ont la forme des cônes d'éboulis (**45**).

✻ *La neige se substitue à la pluie dès que la température est inférieure à 0°. Comme la pluie, la neige tombe plus abondante sur le versant montagneux frappé par le vent qui l'apporte. Son accumulation sur les pentes produit les* avalanches *de vallées.*

48. Formation du névé. — Dans les montagnes, la neige s'accumule dans des cirques appelés *bassins d'alimentation* (**50**), parce que toute la neige qui tombe dans un ou plusieurs cirques se communiquant *alimentera* un même glacier (*fig.* **51**). Cette neige, d'abord *poudreuse*, descendra peu à peu et finira par se concentrer pour donner naissance à un glacier ; mais il se produira une transformation dans sa masse : la neige ne deviendra *glace* qu'en passant par l'état de *névé* (*fig.* **48**). Ce premier changement résulte du *tassement* et de la *pénétration* des eaux de *fusion* superficielle. Le tassement se produit à toutes les altitudes, même les plus élevées, mais il n'apporte à la neige aucune cohésion ; la cohésion est amenée par la petite quantité des eaux de fusion qui, en s'insinuant d'abord entre les cristaux de neige et en se congelant ensuite, les soude entre eux et forme ainsi une masse grenue, encore très parsemée de bulles d'air ; ce n'est que peu à peu qu'elle se transformera en glace absolument compacte. Cependant cette première transformation est déjà considérable, car le mètre cube de neige pèse 85 kilos, alors que le même volume de névé pèse 550 kilos en moyenne. La structure des névés n'est pas uniforme : une section verticale dans leur masse granuleuse présente toujours une série de couches assez minces qui se distinguent par leur grain, leur degré de compacité, leur propreté, et qui correspondent chacune aux neiges d'une année, principalement à celles de l'hiver.

✻ *La neige poudreuse se transforme en glace en passant par l'état de névé. Le névé résulte d'abord du tassement et ensuite de la pénétration et du regel des eaux de fonte superficielle. Le poids du névé est six fois et demie supérieur à celui de la neige.*

49. Instabilité du névé. — Nous avons dit que les neiges et les névés obéissent à un mouvement descendant vers les pentes. En effet, ils ne s'accumulent pas indéfiniment sur les plateaux et sur les dômes. Tassée, leur masse descend doucement vers les versants. En 1894 un grand savant français, M Janssen, installa à force

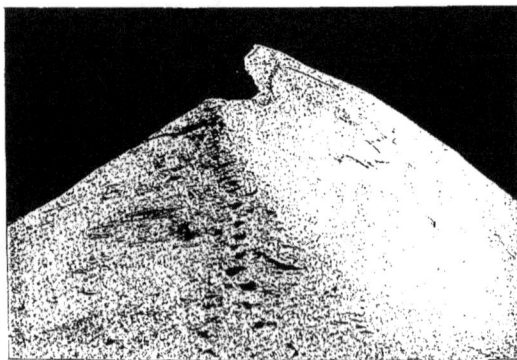
Phot. Tairraz.
Fig. 48. — *Névé* de la Bosse du Dromadaire (Mont-Blanc).

de courage, de patience et d'énergie un observatoire sur le dôme de neige qui constitue le sommet du Mont-Blanc (*fig.* 49). Il avait calculé que cette construction, dont la base serait de 50 mètres carrés et le poids de 187 000 kilos, ne s'enfoncerait que fort peu du fait de son poids. Il avait imaginé pour obvier à l'inconvénient du tassement tout un système qui permettrait de rétablir l'équilibre de l'édifice lorsqu'il serait compromis. La construction, terminée en 1894, parut d'abord se comporter assez bien, car le mouvement du névé est extrêmement lent ; mais en 1898 son déplacement était déjà très sensible et elle commençait à s'incliner sur les pentes vertigineuses du haut glacier des Bossons. Depuis, l'observatoire du Mont-Blanc a été redressé à plusieurs reprises, et il faut admirer l'audace et les efforts de M. Janssen.

Fig. 49. — L'Observatoire Janssen, au Mont-Blanc.

Dans son mouvement descendant, le névé rencontre souvent des pentes raides qui l'obligent à se briser ; ces ruptures donnent lieu à des *avalanches* de haute montagne.

❋ *Les neiges et les névés descendent doucement vers les pentes ; l'observatoire édifié sur la neige du Mont-Blanc par M. Janssen a obéi à cette loi. Les névés en se rompant produisent des avalanches de haute montagne.*

50. Bassins d'alimentation des glaciers. — Dans les cirques élevés qui constituent le *bassin d'alimentation* des glaciers, les *neiges* tombées sur les sommets glissent contre leurs parois rocheuses et forment sur tout le pourtour du cirque un *talus* extrêmement raide, plus résistant que la neige poudreuse, mais plus fragile que le névé. La partie inférieure de ces talus repose sur le névé qui occupe le fond du cirque, elle se tasse et descend ; plus légère, la partie supérieure qui est en contact avec toutes les aspérités du roc s'y accroche et tend d'abord à demeurer ; il en résulte entre ces deux parties une rupture, une *déchirure*, qui

court tout le long des talus ; mais il ne s'agit pas d'une crevasse continue : la masse inférieure est reliée çà et là à la partie supérieure par des ponts de neige ; cette déchirure est connue sous le nom de *rimaye* dans les Alpes du Dauphiné, et de *roture* dans le massif du Mont-Blanc (*fig.* 50 et Pl. II, A). Les rotures se modifient fréquemment et leur existence est relativement courte : les avalanches du talus supérieur les comblent peu à peu ; elles redeviennent masse compacte en poursuivant leur mouvement descendant et de nouvelles dé-

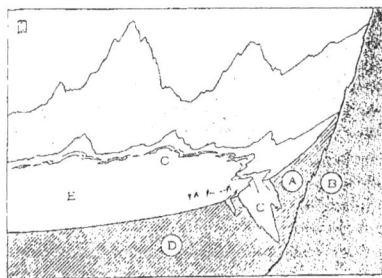

Fig. 50. — Formation des *rotures*.

A. Talus de neige retenu par les aspérités de la paroi rocheuse B et séparé du glacier D par la roture C C. — E. Surface du glacier.

chirures les remplacent. Les rotures limitent le glacier proprement dit, mais celui-ci n'est encore formé que de *névé* et c'est en poursuivant sa marche qu'il deviendra glace. La transformation de la structure du glacier est lente et il est bien difficile de préciser le moment où le névé est devenu de la glace ; il suffira d'indiquer comme caractéristique de cette dernière la compacité parfaite, la couleur bleue et la demi-transparence.

🌸 *La neige tombée sur les sommets glisse sur leurs parois et s'accumule en talus à pente raide sur le névé du bassin d'alimentation. En descendant, le névé entraîne la partie inférieure de ce talus et produit une longue déchirure, appelée* roture. *La roture limite le glacier proprement dit ; mais c'est plus bas que le névé se transforme en glace.*

51. Formation des glaciers. — L'existence des glaciers dépend de l'*alimentation* en neige et de l'*oblation* ou fusion de la glace ; il n'y a donc de glacier possible que là où l'alimentation apporte plus d'eau solide que la fusion n'en détruit. En dehors des neiges, l'alimentation des glaciers est assurée par les petits glaciers secondaires qui se déversent dans leur lit, soit directement, soit sous forme d'avalanches. Il existe en effet deux sortes de glaciers : les *glaciers encaissés* et les *glaciers suspendus* (*fig.* 52 et Pl. II, A). Les premiers, qui sont les plus importants, occupent le fond des vallées qu'ils ont creusées ; ils y forment de longs courants, leur profondeur est considérable et ils représentent une abondante *réserve d'eau* pour l'été. Les glaciers suspendus sont situés sur les hautes pentes qui dominent les glaciers encaissés ; ils s'y étalent, offrant au soleil une large surface crevassée, peu profonde, et sur laquelle la fusion est fort active ; ils sont tributaires des premiers. Les neiges, névés et glaciers secondaires contribuant à la formation d'un même glacier constituent un *bassin glaciaire* (*fig.* 51 et 61) comparable au bassin hydrographique d'un fleuve (**69**). Les Alpes comptent un grand nombre de glaciers dont la surface totale représente environ 3 500 kilomètres carrés. Ceux des massifs de l'Oberland, du Mont-Rose et du Mont-Blanc sont les plus beaux (*fig.* 52). Le plus grand de tous appartient à l'Oberland ; c'est le *glacier d'Aletsch*, qui s'épanche sur une longueur de 24 kilomètres ; la superficie des névés qui l'alimentent est de 100 kilomètres carrés ; ses eaux de fusion vont se jeter dans le Rhône, en Suisse. Dans le même massif on remarque encore les beaux glaciers de l'Aare et de Grindelwald. Dans le massif du Mont-Blanc, ce sont les glaciers du versant français qui sont les plus importants ; tels sont ceux d'Argentière, des Bossons, du Géant, ainsi que la Mer de Glace dont l'extrémité inférieure recule, malheureusement, de plus en plus chaque année.

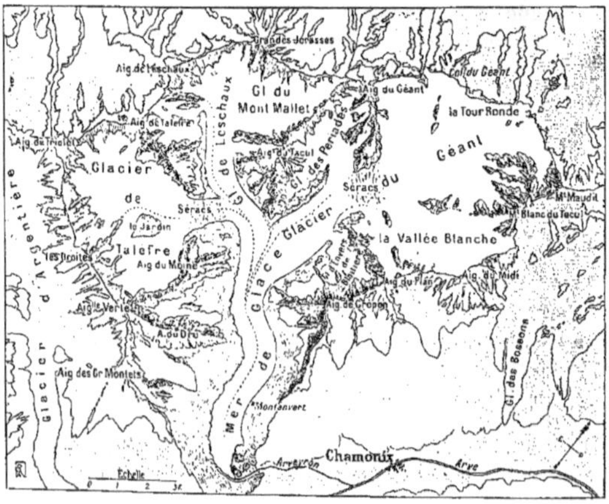

Fig. 51. — Type de *bassin glaciaire* : Bassin de la *Mer de Glace*.
On remarquera que ce glacier résulte de la réunion de plusieurs glaciers secondaires ayant chacun leur bassin d'alimentation.

Fig. 52. — Confluent de trois *glaciers encaissés*, dans le massif du Mont-Blanc; au fond : *glaciers suspendus*.

❁ *Un glacier n'existe que là où l'alimentation apporte plus de glace que la fusion n'en détruit. Les glaciers encaissés occupent le fond des hautes vallées, les glaciers suspendus s'étalent sur les hautes pentes. Le plus grand glacier des Alpes est le glacier d'Aletsch, en Suisse.*

52. Marche des glaciers. — La *progression* ou marche des glaciers est connue depuis fort longtemps. Des savants, comme Agassiz et Tyndall, ont démontré que les glaciers sont des fleuves d'eau solide et qu'ils ne se différencient des cours d'eau liquide (**71**) que par la lenteur de leur marche. En effet, le mouvement descendant des glaciers est plus rapide au milieu du courant et à la surface que sur les bords et sur le fond, parce que les rives rocheuses et le fond du lit remplissent le rôle de freins ; la marche est plus lente lorsque le lit s'élargit, plus rapide lorsqu'il se rétrécit. Au tournant des vallées, le courant se précipite sur la rive concave, il se ralentit et se soulève contre la rive convexe, comme cela est visible aux détours de la Mer de Glace. Toutes ces remarques s'appliquent aux rivières. La marche d'un glacier résulte de son propre *poids* sur la *pente* de son lit ; il est en outre

poussé par la masse toujours renouvelée des névés de son bassin d'alimentation. Enfin, cette marche est encore favorisée par sa structure grenue qui la rend plus sensible aux efforts de *compression* ; dans ce cas, il se produit une *fusion* partielle de la masse, puis un *déplacement* de ses éléments intimes, et dès qu'il y a décompression il y a *regel*. Ces *déplacements* trouvent plus de facilité *vers les pentes* et concourent ainsi à accuser la marche du glacier. Lorsqu'on veut mesurer la vitesse d'un glacier, on dispose sur la glace et en travers du courant une série absolument droite de pierres ; au bout de quelques jours, la ligne des pierres n'est plus droite, elle s'est courbée et se courbera de plus en plus à me-

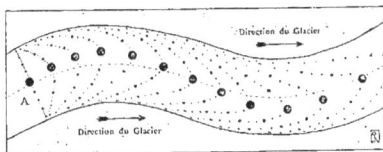

Fig. 53. — Déformation annuelle d'une ligne transversale de pierres A, sous l'influence de la *marche d'un glacier*. Déviation vers chaque rive concave de la grosse pierre centrale sous l'influence des courbes du glacier.

sure que les glaces descendront (*fig.* 53) ; on a calculé par ce moyen que la *vitesse moyenne des glaciers* alpins est de 0ᵐ,25 à 0ᵐ,50 par 24 heures. Les glaciers ont souvent transporté dans leur masse et jusqu'à leur extrémité inférieure des objets et des cadavres. En 1861, on put recueillir à la base du glacier des Bossons les débris d'une catastrophe qui s'était produite au cours d'une ascension au Mont-Blanc en 1820. Le cadavre d'un alpiniste anglais perdu en 1866 fut retrouvé en 1897.

✿ *Grâce à la pente de leur lit, à la poussée d'en haut et au regel, les glaciers marchent comme les autres cours d'eau, mais plus lentement ; on s'en assure en plaçant une rangée de pierres en travers de leur courant : la ligne formée par ces pierres se courbe progressivement. On a retrouvé à l'extrémité inférieure des glaciers les cadavres de touristes disparus dans les névés supérieurs.*

53. Creusement des vallées glaciaires. — En marchant, les glaciers creusent leur vallée ; avec le temps ils pulvérisent la montagne et la livrent miette à miette aux torrents, puis aux fleuves, qui en assurent le transport dans la mer. La force d'érosion s'accuse avec la vitesse de progression du glacier et cette vitesse varie avec la pente du lit, avec la poussée des *névés* du bassin d'alimentation, avec l'épaisseur du glacier, c'est-à-dire avec son poids sur le fond. Le glacier arrache donc des matériaux sur son passage ; il en reçoit aussi. Toutes les pierrailles détachées par le *gel* sur les sommets qui l'entourent tombent à sa surface ou sur ses bords ; les glaciers suspendus lui en envoient également en poussant devant eux leurs propres matériaux. Il en résulte qu'en dehors de ce qui reste à la surface du glacier toute l'étendue du lit est criblée de pierrailles qui cheminent ainsi entre la glace et la roche. En les poussant dans son mouvement de progression, le glacier leur communique toute l'énergie représentée par son poids effrayant ; il se transforme en une râpe gigantesque ; plus la pente est forte et le passage étroit, plus l'action érosive est efficace, plus le glacier rabote, mord et burine son lit.

✿ *Le glacier creuse sa vallée à l'aide des pierres qui sont prises entre sa masse et le fond de son lit. En les poussant de tout son poids il mord la roche et la pulvérise.*

54. Roches moutonnées et striées. — Les roches qui ont subi le contact d'un glacier sont ainsi facilement reconnaissables ; dans leur aspect général elles sont arrondies, *moutonnées*, en les regardant de près on s'aperçoit qu'elles sont gravées, *striées* de mille rayures grossièrement parallèles. Ces stries sont produites sur les parois et le fond du lit par les pierres que le glacier pousse en marchant ; d'autres fois elles sont dues à l'action des aspérités du lit sur les pierres momentanément enchâssées dans le

Phot. Sommer.

Fig. 54. — Exemple de surface *striée* par le passage d'anciens glaciers.

Fig. 55. — Parois *polies* pendant le *creusement* de la vallée, sur la rive gauche de la Mer de Glace (Hte-Savoie).

glacier. En un mot, les stries résultent de l'action des pierres les plus anguleuses et les plus dures sur les roches les plus planes et les moins résistantes. C'est à l'aide de ces traces que l'on reconnaît le passage des glaciers dans les pays qu'ils ont recouverts autrefois (*fig.* 54). Les glaciers actuels montrent aussi des signes analogues sur les flancs de leur vallée, car ils y ont écrit leur histoire (*fig.* 55); ils ont commencé par mordre la montagne à une altitude beaucoup plus haute que leur altitude actuelle et c'est progressivement que leur lit s'est approfondi; leur masse est ainsi descendue avec le fond, découvrant peu à peu les parois polies. Nous connaissons tous la *scie à grès* des tailleurs de pierre : c'est une lame *non dentée* avec laquelle on divise les grandes pierres de construction. Il suffit pour s'en servir de l'arroser de temps en temps avec de l'eau mélangée de *sable* fin, et ce n'est pas la scie qui use la pierre, c'est le sable qu'elle déplace par son mouvement de va et vient. Les glaciers agissent exactement de même en déplaçant les

matériaux dont nous venons de parler; ils ont tous creusé leur vallée avec les moyens dont ils disposent actuellement, réserve faite sur leur étendue, qui était plus considérable quand les massifs des Alpes étaient plus élevés.

✳ *Les roches sur lesquelles ont passé les glaciers sont moutonnées et striées; elles sont visibles sur les rives des glaciers actuels et montrent que ces glaciers s'enfoncent peu à peu, comme le fait la scie à grès des tailleurs de pierre.*

55. Transport : moraines. — Cependant, les matériaux reçus par le glacier ou arrachés par lui ne cheminent pas tous sur les parois du lit, et tout ce qu'il transporte à sa surface n'y reste pas non plus. Par son mouvement de progression et la plus grande vitesse de sa partie centrale, le glacier rejette *de côté* tout ce qui l'encombre; il accumule pierres et blocs le long de ses rives. Il en résulte d'énormes levées de terres et de pierrailles appelées *moraines*. Les moraines sont

Phot. Tairraz.

Fig. 56. — Les deux *moraines latérales* du glacier d'Argentière (Haute-Savoie).

dites *latérales* sur les rives (*fig.* 56) et *médianes* lorsqu'elles occupent le milieu d'un glacier ; une moraine médiane est créée par le confluent, la réunion de deux glaciers ; dans ce cas, en effet, la moraine latérale gauche de l'un se réunit à la moraine latérale droite de l'autre et forme une nouvelle moraine qui cheminera sur le nouveau glacier jusqu'à l'éparpillement ultérieur de ses matériaux et leur rejet vers les rives. Certains glaciers résultent de la réunion de plusieurs glaciers et transportent ainsi plusieurs moraines médianes (Pl. II, B) qui, par leurs positions relatives et leur écartement, indiquent à peu près la part revenant à chacun des tributaires dans le courant définitif. Les moraines médianes protègent contre le soleil la partie du glacier qu'elles recouvrent et arrêtent la fusion superficielle, de sorte que la glace est beaucoup plus élevée sous leur abri qu'à la surface du glacier.

❀ *Les pierres transportées par le glacier sont rejetées sur ses rives pour former les moraines latérales. Au confluent de deux* glaciers, l'une des moraines latérales de chacun d'eux se réunissent ; il en résulte une moraine médiane *qui chemine à la surface du nouveau glacier.*

56. Dépôts glaciaires. — Tous ces matériaux, en arrivant à l'extrémité du glacier, tombent sur le sol fixe et forment la moraine *frontale* ou *terminale ;* mais le torrent qui résulte de l'ablation emporte à peu près tout ce que ses forces lui permettent de déplacer et il ne reste là que les grosses pierres et les blocs. Ces blocs sont semés sur une grande étendue de la vallée et constituent un terrain *erratique ;* ils sont les témoins du passage du glacier, c'est-à-dire de son lent recul correspondant à l'abaissement du massif montagneux. Les éléments de petite taille remaniés par les eaux, mais non emportés, forment le *cailloutis glaciaire* largement étalé sur le fond de la vallée. Les éléments triturés dans le lit même du glacier constituent la *moraine profonde,* principalement formée de *boue*

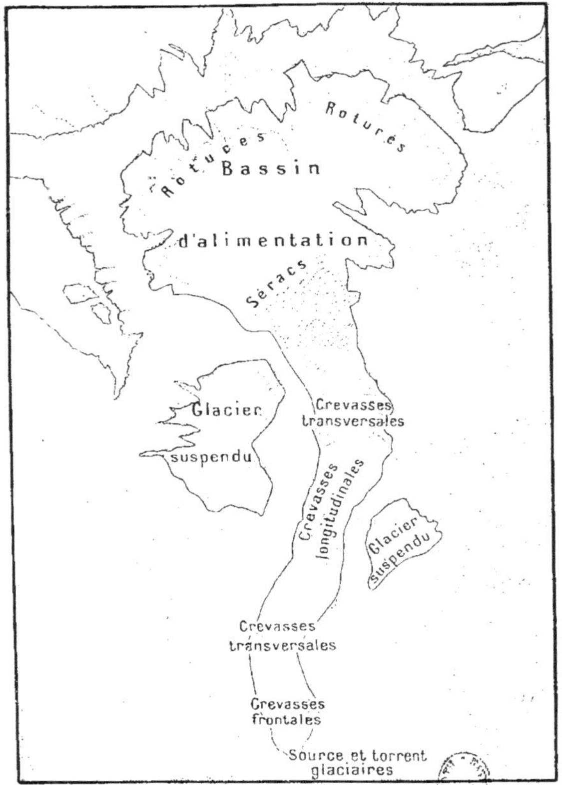

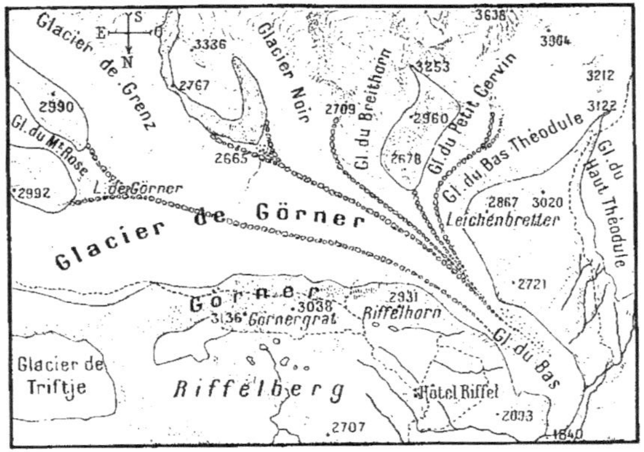

B — MORAINES médianes du glacier de Görner

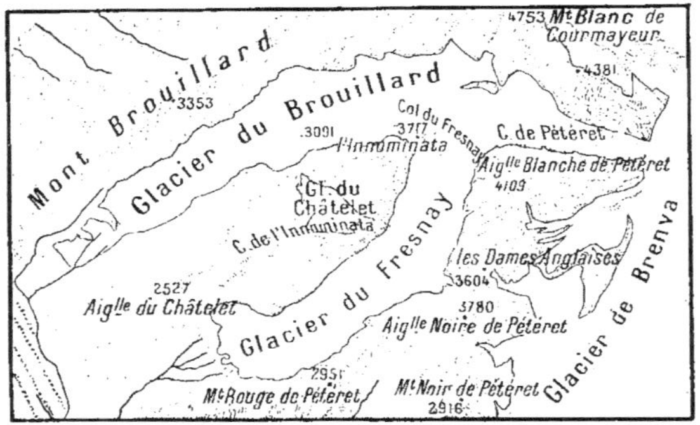

Gl. du Haut Théodule
Gl. du Bas Théodule
Leichenbretter
Gl. du Bas
Gl. du Petit Cervin
Gl. du Breithorn
Glacier Noir
Glacier de Görner
Görnergrat
Riffelhorn
Riffelberg
Haut Riffel
Glacier de Grenz
Gl. du M. Rose
L'Unter Görner
Glacier de Triftje
3212 3122 3394 3020 2887 2771 2003 1640 3658 3960 2853 2478 3036 2331 2707 3336 2767 2662 2390 2392

C — CAPTURE glaciaire (Massif du Mont Blanc)

Mt Blanc de Courmayeur
C. de Pétéret
Aiguille Blanche de Pétéret
Les Dames Anglaises
Glacier de Bréva
Mont Brouillard
Glacier du Brouillard
Glacier du Frésnay
Col du Frésnay
Innominata
Gt. du Châtelet
C. de l'Innominata
Aiguille Noire de Pétéret
Mt Noir de Pétéret
Mt Rouge de Pétéret
Aiguille du Châtelet
4753 4381 4108 3780 3604 3353 3777 3091 2527 2951 2916

A — Carte résumant les accidents d'un GLACIER

Rotures
Bassin d'alimentation
Rognes
Séracs
Glacier suspendu
Crevasses transversales
Crevasses longitudinales
Glacier suspendu
Crevasses transversales
Crevasses frontales
Source et torrent glaciaires

glaciaire ; c'est cette boue qui trouble les eaux des torrents persistants.

❀ *Les matériaux abandonnés par le glacier à son extrémité inférieure forment la moraine terminale; son résidu de gros blocs constitue un terrain dit erratique sur toute l'étendue qui a été occupée dans le passé par ce glacier.*

57. Formation des crevasses.

— Lorsqu'un glacier doit franchir un obstacle considérable, une forte dénivellation, une descente trop raide, un tournant trop brusque, il éprouve tout un

Phot. Tairraz.

Fig. 57. — Une *crevasse* dans le haut glacier des Bossons (Mont-Blanc).

système de déchirures, de *crevasses,* qui lui permettent de passer. Plus bas, lorsque la pente sera plus douce, le lit plus régulier, le glacier reprendra peu à peu son aspect primitif; la plupart des crevasses se refermeront d'elles-mêmes, doucement, et le regel complétera la cicatrisation parfaite; les quelques fentes plus ou moins ouvertes qui bâilleront encore au soleil ne se rattacheront pas à l'obstacle franchi. Tous les glaciers, en effet, sont plus ou moins déchirés de crevasses, et c'est leur nombre et la largeur de leur ouverture qui varient (*fig.* 57). Les plus étroites, quand elles admettent le passage d'un homme, sont les plus dangereuses, car les chutes abondantes de neige arrivent quelquefois à les dissimuler; aussi, lorsque les neiges récentes recouvrent la surface d'un glacier, le guide qui tient la tête d'une caravane ne fait aucun pas sans explorer le sol de la pointe de son piolet.

❀ *Les* crevasses *sont des déchirures qui se produisent dans les glaciers; elles sont dues à une difficulté d'écoulement ou à un détour de la vallée; elles se referment après l'obstacle.*

58. Types de crevasses.

— Les crevasses sont *longitudinales* ou *transversales* (Pl. II, A). Les premières résultent d'un étranglement de la vallée; la masse glacée se trouve alors obligée de passer dans un véritable laminoir et les crevasses se produisent dans le sens de la progression. Les crevasses transversales ou *marginales* sont toujours perpendiculaires au sens de la progression; elles résultent de la différence de vitesse qui caractérise le milieu et les bords du glacier; cette différence est trop grande pour être compensée par une flexion de la masse glacée et celle-ci éprouve ce qu'éprouve un *vêtement forcé,* elle craque sur toute la ligne de tension. La formation des crevasses est lente; elles apparaissent d'abord sous l'aspect de fissures à peine visibles qui vont s'ouvrant de jour en jour au point d'acquérir une grande largeur au bout de quelques semaines. Le fond des grandes crevasses est rarement visible, car elles ne pénètrent pas en droite ligne dans la masse; leurs profondeurs se perdent dans la translucidité bleue du glacier (*fig.* 57). En effet, ces ruptures, qui lorsqu'elles commencent à s'ouvrir s'enfoncent à peu près verticalement, ne gardent pas longtemps cette position : la progression du glacier étant plus rapide à la surface qu'à la partie inférieure, l'ouverture des crevasses chemine plus vite que leur base; aussi le bord amont penche-t-il d'abord et s'écroule-t-il ensuite peu à peu dans le gouffre jusqu'à le combler ; grâce au regel, le glacier retrouvera là sa compacité et une autre crevasse s'ouvrira dans le voisinage. On nomme crevasses *frontales* les innombrables ruptures qui se produisent à l'extrémité inférieure du glacier ; elles affectent alors la disposition des flèches d'un éventail.

✿ *Les crevasses sont dites longitudinales lorsqu'elles s'ouvrent dans le sens du glacier ; transversales, quand elles sont perpendiculaires aux précédentes et dues aux différences de vitesse du milieu et des bords, et frontales à l'extrémité inférieure du glacier.*

59. Séracs. — Quand la dénivellation du fond de la vallée est trop considérable et trop brusque, le glacier se brise complètement et donne lieu à une chute d'eau solide sous forme d'un gigantesque chaos de blocs auxquels on donne le nom de *séracs* (Pl. II, A). Les séracs affectent toutes les formes possibles ; ils se dressent, éclatants de blancheur ou bleuâtres, groupés en bouquets extraordinaires ou bien isolés et donnant l'impression d'une masse qui perd son équilibre et va s'écrouler. Les chaos de séracs présentent au grand soleil d'été un spectacle d'une incomparable beauté (*fig.* 58). Dans le massif du Mont-Blanc, les séracs de la jonction du glacier des Bossons et ceux du glacier du Géant sont fort remarquables.

✿ *Les séracs sont des chaos de blocs de glaces qui se produisent sur les dénivellations trop brusques du lit ; ils résultent d'une rupture complète du glacier donnant lieu à une véritable chute d'eau solide.*

60. Jardins glaciaires. — Comme les déserts, les glaciers ont leurs rares oasis. Les *jardins glaciaires* sont des colonies végétales naturelles perdues à des altitudes qui ne correspondent pas à la résistance des plantes que l'on y trouve. C'est qu'en effet la végétation ne se produit pas au hasard dans ces régions élevées ; elle ne saurait s'y développer en des points exposés à l'impétuosité et à la basse température des grands vents : il lui faut être abritée soit entre deux sommets rapprochés, soit à l'abri d'une moraine, ou dans un cirque entouré de cimes élevées. Le *jardin du glacier de Talèfre* est dans ce dernier cas ; on y trouve, entre autres espèces, quarante plantes de Laponie et six plantes du Spitzberg.

✿ *Les jardins des glaciers sont des colonies végétales naturelles que l'on trouve dans certaines parties abritées de la haute montagne.*

61. Variations des glaciers. — Tous les glaciers éprouvent des *variations* de volume et, partant, de longueur. L'étude de ces variations exige de longues années, parce que l'effet est toujours fort éloigné de la cause. Les causes sont principalement de deux sortes ; ce sont 1° les *neiges* très abondantes qui peuvent se produire au cours d'un ou de plusieurs hivers consécutifs et 2° le phénomène connu sous le nom de *capture de glacier.*

Lorsque l'allongement qui résulte d'une précipitation plus abondante de neige se fait sentir à l'extrémité terminale d'un glacier, la cause est déjà fort ancienne ; les neiges, en effet, ont commencé par influencer les névés, qui ont ensuite concentré leur excédent dans le courant de glace, dont le mouvement est très lent. Pour le glacier suisse de Grindelwald, des calculs très sérieux permettent d'évaluer à vingt années le temps qu'exigent les excès de neige avant d'influencer son extrémité. Résultant de la même cause, il se produit parfois des cas de discordance entre deux glaciers voisins, dont l'un progresse et dont l'autre ne manifeste aucune extension ; cette discordance n'est qu'apparente et il s'agit en ce cas de deux glaciers dont l'un est en retard sur l'autre, le premier marchant plus vite et le second n'ayant pas encore eu le temps de transporter son excès de glace jusqu'à son extrémité inférieure.

✿ *Les variations de longueur des glaciers sont généralement dues à de grandes quantités de neige tombées pendant un ou plusieurs hivers ; l'excès de glace qui en résulte n'arrive à l'extrémité inférieure qu'au bout d'un certain nombre d'années.*

Fig. 38. — *Séracs du glacier des Bossons (massif du Mont-Blanc).*

62. Capture de glaciers. — M. Stanislas Meunier a démontré que le phénomène de *capture* est un des effets qui accompagnent fatalement l'abaissement des montagnes. En effet, un glacier en voie de recul, comme le sont tous les glaciers en général, peut recouvrir assez rapidement le terrain abandonné si un accident est venu lui apporter une plus importante quantité de glace. C'est ce que produit la *destruction* par érosion d'une *arête* qui séparait la partie supérieure de deux glaciers, de deux bassins d'alimentation : cette issue nouvelle provoque toujours de la part de l'un des glaciers une perte dont l'autre bénéficie (Pl. II. C . La capture est généralement partielle, elle peut être complète et elle provoquera au bout d'un certain nombre d'années l'extension du glacier bénéficiaire et le recul de l'autre. En dehors de ces causes, on a attribué aux variations des glaciers des retours périodiques, mais cela est loin d'être prouvé. Ce qui est bien certain, c'est que dans leur ensemble tous les glaciers reculent à mesure que les montagnes s'abaissent et disparaissent dès que l'altitude est devenue incapable de garder à l'état solide de grandes masses de neige. Un jour les Alpes deviendront comme les Pyrénées, dont les glaciers sont extrêmement réduits ; puis comme les Vosges, qui portent à peine quelques plaques neigeuses dans les dépressions abritées du soleil ; puis, enfin, comme la Bretagne, dont les ondulations centrales représentent le rasement complet d'une chaîne de montagnes très ancienne qui eut des glaciers.

❀ *Les variations de longueur peuvent résulter d'un phénomène de capture dû à la rupture par érosion d'une arête rocheuse séparant deux glaciers. Dans ce cas, l'un des deux glaciers verse une partie de sa substance dans le domaine de l'autre. En général, tous les glaciers reculent à mesure que les montagnes s'abaissent.*

63. Fusion des glaciers. — Il se produit d'un bout à l'autre d'un glacier, depuis les névés qui l'alimentent jusqu'à son extrémité inférieure, une *fusion* ou *ablation* qui se manifeste principalement vers cette extrémité. La fusion se produit au contact de l'air quand la température est supérieure à 0° et probablement au contact du fond rocheux. Dès que le soleil frappe la surface d'un glacier, la fonte commence et ce sont d'innombrables ruisselets qui courent, se réunissent et disparaissent dans les crevasses; les principales rigoles creusent parfois

Phot. Tairraz.
Fig. 59. — Une *table de glacier* dans le massif du Mont-Blanc.

des puits plus ou moins verticaux qui traversent l'épaisseur entière du glacier et que l'on appelle des *moulins*. Dès que le soleil disparaît, la gelée dessèche rapidement toute cette circulation. Comme les moraines médianes dont nous avons parlé, les grosses roches plus ou moins aplaties qui cheminent avec le glacier à sa surface le protègent contre l'ablation; la glace fond alors tout autour et subsiste seulement sous la pierre bientôt surélevée : c'est une *table de glacier* (*fig.* 59). En parlant plus haut des pyramides d'érosion (**16**), nous avons étudié la pierre-parapluie, ici c'est la pierre-ombrelle.

✣ *La* fusion *glaciaire est la somme de glace fondue par la température de l'air et celle du fond rocheux; elle produit à la surface un ruissellement abondant, et donne naissance aux tables de glaciers.*

64. Sources glaciaires. — Les eaux de *fusion* se réunissent sous les glaciers, suivent les pentes du fond rocheux et sortent à l'extrémité du glacier pour former un *torrent persistant* (**72**), dont le débit sera beaucoup plus abondant l'été, mais qui donnera toujours de l'eau, alors que les torrents temporaires (**19**) n'en donnent qu'après les orages. La masse terminale d'un glacier est généralement arrondie en forme de coupole; à sa base s'ouvre une sorte de grotte forée par les eaux (*fig.* 60); celles-ci s'échappent plus ou moins troublées par la boue glaciaire et s'en vont former des fleuves : le Rhône, le Rhin, le Danube, sortent ainsi de petites grottes bleues ouvertes à la base de glaciers alpins. La figure 61 résume assez bien tout ce qui vient d'être dit sur les glaciers.

✣ *Les eaux de* fusion *sortent à l'extrémité du glacier, formant ainsi une* source glaciaire *et un tor-*

rent persistant : *ce torrent peut devenir un fleuve comme le Rhône ou le Rhin.*

65. Calottes de glace polaires. — Après les glaciers alpins, il est important de parler des *glaciers polaires*, qui recouvrent des pays entiers d'une seule *calotte de glace* à laquelle les géologues scandinaves ont donné le nom de *inlandsis*. Ces glaces s'arrêtent à une petite distance des côtes et de là projettent quelques glaciers proprement dits jusque dans les flots de la mer. Le premier voyageur qui ait tenté l'exploration de l'inlandsis du Groenland est le Suédois Nordenskjöld ; il avança de 30 kilomètres dans l'intérieur. En 1878, Jensen et Kornerup pénétrèrent à 73 kilomètres en 9 jours ; ils purent remarquer que la pente, d'abord sensible, s'atténuait à une certaine distance dans l'intérieur ; la forme en était donc arrondie et justifiait bien le nom de « calotte de glace ». En 1883, Nordenskjöld s'enfonça de 180 kilomètres en 18 jours. En 1888, Fridtjof Nansen parvint enfin à accomplir en 46 jours une traversée complète de l'inlandsis sans trouver le moindre espace dénué de glace. Fridtjof Nansen a montré une très grande énergie durant ce voyage, car il dut supporter parfois 32° de froid pendant le jour, et jusqu'à 50° au cours des nuits.

Les glaciers polaires se présentent sous la forme d'immenses calottes de glace ou inlandsis qui recouvrent des pays entiers. En 1888, Nordenskjöld put traverser entièrement l'inlandsis du Groenland.

66. Glaciers polaires. — Comme les autres glaciers, les *calottes de glace* éprouvent des variations qui aug-

Phot. Tairraz.
Fig. 60. — *Source glaciaire* de l'Arveyron (Hte-Savoie).

mentent ou diminuent la largeur de la *bande côtière* libre de glace. Les glaciers qui se détachent de la calotte ou inlandsis, pour en emporter le trop-plein, sont infiniment plus

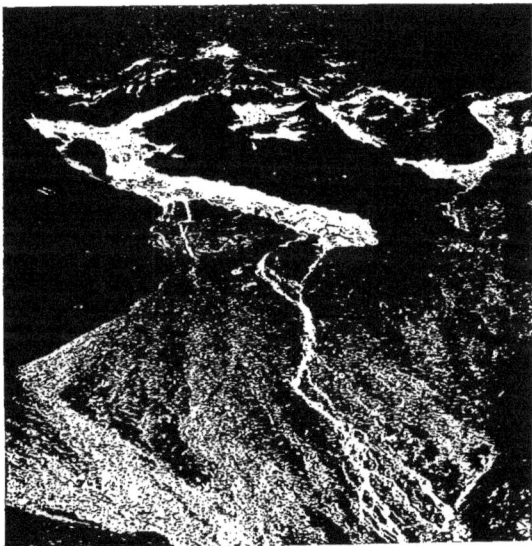

Fig. 61. — *Bassin glaciaire* du glacier de la Sesia depuis son bassin d'alimentation jusqu'au torrent persistant. Massif du Mont-Rose.

puissants que les glaciers alpins. Ceux du Spitzberg sont particulièrement remarquables; ils s'épanchent en pente douce entre les montagnes qui les chargent de pierrailles détachées par le gel; tous ces matériaux forment de chaque côté de l'extrémité du glacier des moraines colossales. Ces glaciers arrivent en mer sous la forme de hautes falaises bleues, trouées de crevasses énormes; ces falaises de glace s'élèvent à pic jusqu'à 100 ou 120 mètres au-dessus des eaux de la mer, elles s'étendent à perte de vue, immenses, sur une largeur qui atteint fréquemment 20 kilomètres (*fig.* 62). La disposition verticale de la partie frontale de ces glaciers est due à l'action de la mer qui, en rongeant sans cesse leur base, provoque la chute de blocs énormes qui s'abîment dans les flots avec un fracas de tonnerre. Sur les côtes de la Terre François-Joseph, le glacier Dove présente une largeur de 60 kilomètres, le glacier Humboldt atteint dans le même sens 111 kilomètres.

❁ *L'inlandsis est séparé de la mer par une bande de terre libre de glace, sauf aux endroits où il déverse son trop-plein sous forme de glaciers immenses qui s'avancent dans les flots et s'y divisent.*

67. Glaces flottantes.
— L'extrémité inférieure des glaciers polaires est le siège d'une *fusion* assez active qui agrandit les crevasses, les réunit et divise la masse glacée en portions énormes qui, détachées par l'effort des vagues, s'en vont flotter au gré des courants marins (*fig.* 63). C'est ainsi qu'au cours de

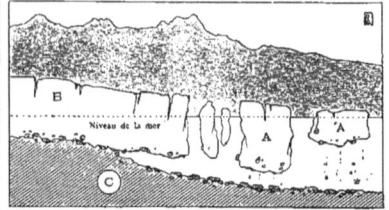

Fig. 63. — Extrémité d'un *glacier polaire*.
A, A. Glaces flottantes détachées du glacier B et transportant des éléments du fond C.

chaque printemps la partie nord de l'Océan Atlantique est toute parsemée de *glaces flottantes* (*fig.* 64); les navigateurs connaissent le plus gros de ces blocs sous le nom anglo-allemand de *iceberg* ou montagne de glace. Certains de ces icebergs flottants s'élèvent jusqu'à 150 mètres au-dessus des eaux; or, comme le volume de la partie visible ne représente qu'un peu plus de la dixième partie du volume total, on voit quelles masses effrayantes sont ainsi abandonnées à la dérive. Ces glaces flottantes ont une action géologique importante, car elles transportent une somme assez considérable de terres et de pierres qui proviennent du fond rocheux sur lequel elles reposaient et qui se sont agglomérées avec la glace (*fig.* 63); tous ces matériaux finissent par couler à pic à mesure que se poursuit la fusion de l'iceberg. Le grand *Banc de Terre-Neuve*, qui occupe une surface de 125 kilomètres carrés, avec une épaisseur de plus de 2 000 mètres, résulte de l'accumulation de tout ce que précipitent chaque année les icebergs détachés des glaciers polaires et des banquises.

❁ *A l'extrémité des glaciers polaires, la fusion et l'action des vagues divisent la masse glacée en énormes blocs ou icebergs. Ces glaces flottantes emportent des terres et des pierres qu'elles*

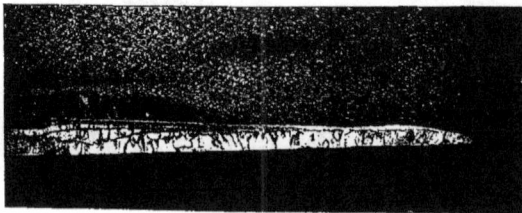

Phot. de M. Ch. Rabot.

Fig. 62. — Paroi terminale d'un *glacier polaire*, au Spitzberg.

Fig. 64. — *Icebergs* ou *glaces flottantes*, au large de Terre-Neuve.

sèment *sur le fond de la mer à mesure que la* fusion *diminue leur volume.*

68. Banquises. — Les glaces côtières ou *banquises* résultent de la congélation de l'eau de mer contre les rivages (*fig.* 65). L'épaisseur gelée au cours d'un hiver peut atteindre 6 mètres ; elle n'est en moyenne que de 1 à 2 mètres. L'épaisseur totale des banquises boréales peut atteindre 30 mètres. Les glaces côtières agglomèrent dans leur masse tous les matériaux meubles des rivages contre lesquels elles s'appuient ; elles reçoivent en outre les éboulis de gel des côtes escarpées, et dès que la saison plus douce les divise, elles se transforment en *glaces flottantes*, abandonnant sur leur route toutes les pierres qu'elles ont emportées. Les glaces australes sèment également une foule de roches sur le fond des mers du Sud ; elles sont d'ailleurs beaucoup plus considérables que celles du Nord, car la fusion de l'été est trop faible pour compenser la congélation des hivers. On en a mesuré qui indiquaient une épaisseur totale de 500 mètres.

Les glaces de toutes les banquises offrent une structure veinée qui révèle leur mode de progression par couches minces. Une grande partie de la surface des banquises résulte de l'abondance des glaces flottantes, au début de l'hiver, et de leur *soudure*, qui se produit dès que la température s'abaisse suffisamment.

❀ *La* congélation *de la mer contre les côtes forme des* banquises ; *les banquises australes sont beaucoup plus épaisses que celles du Nord. Toutes se disloquent au printemps sous forme de* glaces flottantes *et déposent les matériaux qu'elles ont emportés.*

Fig. 65. — Une *banquise* en voie de soudure, au Spitzberg.

V. LES COURS D'EAU

69. Bassin hydrographique. — Les sources des eaux souterraines et les sources glaciaires donnent naissance aux *cours d'eau*, que nous allons accompagner jusqu'à la *mer ;* le moindre ruisseau y conduit, en effet, soit directement, soit par les rivières et les fleuves (*fig.* 111). Toute la zone de ruissellement, toutes les sources et tous les cours d'eau qui contribuent à l'alimentation d'un même fleuve constituent un *bassin hydrographique,* et c'est ainsi que la France est partagée en quatre grands bassins principaux, qui sont ceux de la Seine (*fig.* 66), de la Loire, de la Garonne et du Rhône, auxquels on peut ajouter celui de l'Adour, les autres n'ayant que peu d'importance.

✖ *Le* bassin *hydrographique d'un fleuve est la région dont tout le ruissellement, toutes les sources et toutes les rivières* concentrent *leurs eaux vers le lit de ce fleuve.*

70. Débit. — Le *débit* d'un cours d'eau est la quantité d'eau qu'il déplace en un point quelconque de son trajet durant l'espace d'*une seconde.* C'est encore le volume

Fig. 66. — *Bassin hydrographique* de la Seine.

de la *tranche d'eau* qui a le temps de passer durant une seconde en ce point. Le débit varie naturellement avec les saisons et aussi avec les différents points du cours, parce que chaque *affluent* ou cours d'eau tributaire vient ajouter son propre débit (*fig.* 67). Pour avoir une idée à peu près exacte de l'importance d'un fleuve ou d'une rivière, en un point donné de son cours, on adopte une moyenne que l'on calcule entre le débit minimum de l'*étiage* ou basses eaux et le débit maximum des *crues ;* on connaît alors le *débit moyen.* C'est ainsi que le débit moyen de la Seine à Paris est de 130 mètres cubes, le débit d'étiage étant de 75 mètres cubes et celui des grandes crues de 1 875 mètres cubes. Très voisin de celui de la Seine, celui de la Loire à Orléans est de 132 mètres cubes, avec 25 mètres cubes à l'étiage et 10 000 mètres cubes aux grandes crues. Cette différence énorme dans l'importance des variations de débit de chacun de ces deux fleuves résulte du régime de leurs *affluents* et de la nature du terrain qu'ils traversent. En effet, la Seine ne reçoit presque pas de torrents et les pays qu'elle traverse, étant en majeure partie *perméables,* donnent lieu à une grande infiltration. La Loire, au contraire, est alimentée par de nombreux torrents aux crues subites et traverse un sol presque partout *imperméable ;* le ruissellement lui assure ainsi toutes les eaux que l'évaporation n'emporte pas. Ces dernières conditions provoquent des inondations abondantes et soudaines (**88** et *fig.* 81).

✖ *Le* débit moyen *d'une rivière sur un point donné de son cours se calcule entre le débit des plus basses eaux et celui des plus grandes crues ; les cours d'eau qui traversent des pays imperméables ont des* variations *plus grandes que ceux qui traversent des régions perméables.*

71. Vitesse. — La *vitesse* d'un cours d'eau dépend de la pente du sol et de son débit ; elle varie pour un même cours d'eau avec les obstacles qu'il peut rencontrer ; la vitesse est aussi plus grande quand la nature des terrains traversés fait le lit plus étroit, et plus

Phot. Mertens.

Fig. 67. — Fleuve (le Rhin) recevant un *affluent* (la Nahe), à Bingen (Allemagne).

lente quand elle le fait plus large. La pente de certains fleuves est très douce : celle de la Seine à Paris est de 1 mètre pour 10 000 mètres, et la vitesse de son cours en temps ordinaire est de 0m,50 par seconde. Au-dessus d'une pente de 2 mètres pour 1 000 mètres, le cours d'eau est dit *torrentiel*, car sa vitesse est très grande. Cependant la Durance, dont la pente est égale à ce chiffre, est encore classée comme rivière *tranquille*. De même que dans les glaciers (**52**), la vitesse des eaux est plus rapide au milieu de la surface que sur les bords et sur le fond, car le frottement sur les parois du lit ralentit le courant. Pour établir la *vitesse moyenne* d'une rivière on a dû tenir compte de cette condition et on la fixe aux 4/5 de la vitesse du milieu de la surface.

✿ *La vitesse d'un cours d'eau résulte de la pente de son lit et de l'importance de son débit. Une rivière est dite* tranquille *jusqu'à une pente de 2 mètres par 1 000 mètres ; au-dessus elle est dite* torrentielle. *La vitesse moyenne est égale aux 4/5 de la vitesse du milieu de la surface.*

72. Gorges et cañons. — Les cours d'eau tranquilles s'écoulent dans de larges *vallées*

comme celle de la Seine ; les rivières torrentielles roulent leurs eaux dans des *cañons* ou *cagnons* et les torrents persistants, dans des *gorges* étroites et profondes. L'action érosive des torrents est, en effet, trop intense pour avoir le temps de se manifester en largeur. Par le poids et le déplacement rapide des matériaux qu'ils transportent, des blocs qu'ils roulent, les torrents agissent à travers les couches géologiques comme une véritable scie. La pente toujours assez forte sur laquelle ils se précipitent vient encore augmenter leur force d'érosion et certaines gorges offrent ainsi de profondes coupures aux parois usées par les eaux. Les gorges du Fier, de Triège et de Durnant, en Haute-Savoie, sont fort belles. Dans les cañons, les eaux sont moins serrées et se hâtent parmi les bancs de galets qu'elles remanient sans cesse. En France, les merveilleuses gorges du Verdon (Basses-Alpes) et celles du Tarn, Lozère (*fig.* 68), sont des cañons très typiques. Les plus grandioses sont ceux de la rivière Colorado, États-Unis (*fig.* 69). Les torrents et les rivières torrentielles ont *creusé* et continuent chaque jour de *creuser* leurs gorges et leurs cañons ; leurs eaux

GÉOLOGIE 4

Fig. 68. — Le *Cañon* du Tarn (Lozère).

s'enfoncent toujours plus profondément, même dans les roches les plus dures.

❀ *Les* gorges *étroites et profondes ont été*

Fig. 69. — Le *Cañon* du Colorado (États-Unis).

creusées par les torrents persistants; *les* cañons, *plus larges, l'ont été par des* rivières torrentielles, *comme le Tarn. Les gorges et les cañons continuent d'être creusés par ces cours d'eau.*

73. Rapides. — Il se présente souvent dans le lit de certaines rivières des dénivellations du sol se manifestant sur une certaine étendue sous forme de pente un peu plus raide que la pente moyenne du cours d'eau; il en résulte un état torrentiel momentané qui arrête toute navigation et auquel on a donné le nom de *rapide.* Ces dénivellations résultent de l'inégalité de résistance des roches qui constituent le lit; les plus dures résistent davantage à l'érosion et forment une sorte de seuil que les eaux emploieront plus de temps à raser. Les rapides du Vuoksi à Imatra, près Viborg, en Russie, sont très remarquables et très visités; ils s'étendent sur une longueur de 500 mètres. Le fleuve Sénégal offre de nombreux rapides dans son cours supérieur. Les fameuses cataractes du Nil ne sont que des rapides; on en compte cinq entre Assouan et Khartoum. En Indo-Chine, le grand fleuve Mékong offre en plusieurs points de son cours des rapides fort pittoresques. Dans le même pays, la Rivière-Noire est semée de rapides que certaines pirogues bien conduites peuvent remonter, mais avec une grande prudence (*fig.* 70).

❀ *Les* rapides *représentent un état* torrentiel *d'étendue variable, provoqué dans un cours d'eau tranquille par une pente plus forte de son lit. Les cataractes du Nil sont des rapides.*

74. Marmites de géants. — De nombreux rapides offrent dans le voisinage de leurs rives des *marmites de géants.* Ces marmites sont des cavités demi-sphériques, de dimensions variables, et contenant généralement

Fig. 70. — Un des *rapides* de la Rivière-Noire (Indo-Chine.)

une grosse pierre de forme arrondie (*fig. 71*). Le procédé de creusement de ces cavités est connu : le moteur est un tourbillon d'eau et l'instrument est la pierre ou *meule* qui, tournoyant sous l'effort des eaux, use et agrandit progressivement la cavité qui la contient, et s'use elle-même. Certaines marmites présentent intérieurement des érosions en spirale qui font bien comprendre le tournoiement de la meule. On a constaté la présence de marmites de géants sur les bords de la mer ; il en est alors de très profondes, dans lesquelles la meule, en respectant le centre autour duquel elle tourne, a donné naissance à une sorte de colonne qui s'élève verticalement au milieu de la marmite. Ces phénomènes curieux sont fréquents dans le lit des anciens glaciers ; on les attribue alors au tourbillonnement des eaux d'ablation ou de fusion, qui courent sur le fond rocheux.

✿ *Les* marmites de géants *sont des cavités demi-sphériques, creusées par de grosses pierres arrondies que les eaux des rapides font tournoyer ; il en existe aussi au bord de la mer et dans le lit des anciens glaciers.*

75. Chutes. — Selon leur importance, on désigne les *chutes* sous différents noms. Les *cascades* sont de petites dénivellations brusques donnant lieu à la chute verticale des eaux. En France, on peut citer la cascade de Billode, près de Champagnole (Jura), celle de Gimel (Corrèze), etc. Les *chutes* proprement dites sont caractérisées soit par une masse d'eau plus considérable, soit par une hauteur de

Fig. 71. — *Marmites de géants.*

chute plus grande. Parmi les premières, il
faut citer la chute du Rhin à Schaffhausen
(Suisse); parmi les secondes, on peut signaler, en Suisse, les chutes du Staubbach à
Lauterbrunnen, du Giesbach sur les bords du
lac de Brienz, du Reichenbach sur le torrent
du même nom, de la Handeck dans la vallée
de l'Aar, de la Toza dans la haute vallée
d'Antigorio, etc. En Italie, les belles chutes de
Terni et de Tivoli sont célèbres. En France,
le Saut du Doubs et la chute de Gavarnie sont
des plus pittoresques.

On donne plus spécialement le nom de *cataractes* aux chutes très abondantes, très
larges et très élevées, aux dénivellations brusques des grands cours d'eau. Telles sont
les cataractes du Niagara (*fig.* 72), qui se
précipitent d'une hauteur de 50 mètres,
sur la frontière du Canada et des États-
Unis; la partie la plus belle est celle dite *Fer
à cheval*. Les magnifiques chutes Victoria du
Zambèze, fleuve de l'Afrique méridionale,
sont aussi des cataractes. Il en est de même
des chutes plus extraordinaires encore de
l'Iguassu, en République Argentine. Le
nom des chutes du *Niagara* est un mot
indien qui veut dire « Tonnerre des eaux »
et que justifie bien le bruit énorme de la
chute.

✿ *Les cascades sont des petites chutes
d'eau. Les chutes proprement dites sont
plus abondantes ou bien tombent d'une plus
grande hauteur. Les cataractes sont dues
aux grandes dénivellations des fleuves; celles
du Niagara sont caracté-
ristiques.*

Fig. 72. — La *chute* du Niagara dite « Fer à cheval ».

76. Rôle érosif des chutes.
— Les chutes ont un rôle
géologique plus ou moins
considérable; elles reculent
dans la direction amont des
cours d'eau par érosion lente
et parfois par éboulement
progressif du seuil rocheux
qui les porte. Au Niagara,
le seuil est formé de calcaire
dur qui repose sur des couches peu résistantes; ces
couches se dégradent rapidement; il en résulte que
le calcaire dur se fragmente
et s'éboule à mesure que
l'appui lui manque. Aussi
les chutes reculent-elles en
moyenne de 1^m,52 par an,
et l'on a reconnu les traces
de ce recul sur une distance
de 11 kilomètres.

✿ *Le seuil rocheux qui
porte les chutes d'eau cède
à l'érosion et recule vers
l'amont des cours d'eau; les
cataractes du Niagara reculent de 1^m,52 par an.*

Fig. 73. — *Méandres* de la rivière Jhelum, dans la vallée de Kachmire (Indes).

77. Creusement des vallées. — Les fleuves et les rivières tracent à la surface des continents de larges érosions au milieu desquelles le cours de leurs eaux apparaît comme un mince ruban ; c'est cette disproportion *apparente* entre la largeur des *vallées* et celle de leurs rivières qui avait fait attribuer leur creusement à de grands courants diluviens.

M. Stanislas Meunier a démontré depuis longtemps qu'il s'agit d'un travail d'érosion très lent, qui se poursuit de nos jours et dont le premier auteur est la *pluie*. Les dépressions qui ne contiennent pas encore de cours d'eau s'érodent par le fait du *ruissellement* sur toute la surface de leurs versants ; elles reçoivent encore le suintement de l'*infiltration*, et l'érosion s'accuse sur le fond par l'écoulement temporaire de ces eaux réunies. Lorsque le vallon, en s'approfondissant, arrive au voisinage d'un terrain imperméable, il rencontre une nappe aquifère qui assure au cours d'eau un débit constant.

Une fois nés, les cours d'eau, dont les rives paraissent immobiles, vont se déplacer et agir avec le temps sur toute la surface du fond de leur vallée. En effet, les rivières présentent d'un bout à l'autre de leur cours une série de courbes qui, lorsqu'elles sont très accusées, prennent le nom de *méandres* (*fig.* 73 et Pl. III, A et B) ; ces courbes sont dues aux irrégularités du lit, le moindre obstacle rejetant le courant de côté. Or, là où se transporte le courant se produit l'*érosion* et, du même coup, la *courbe*. Chaque sinuosité d'une rivière présente donc une rive dont la courbe est *concave* et une rive dont la courbe est *convexe*. Or, les eaux affouillent toujours les rives concaves et déposent sur les rives convexes. Dès que se présente une courbe, le courant principal, emporté par la vitesse acquise, se précipite sur la rive concave et l'attaque ; en même temps, le minimum de vitesse se manifeste sur la rive convexe et provoque la chute des matériaux entraînés, formant un banc de sable ou de cailloux (*fig.* 74). De cette rive concave, le courant est rejeté sur la rive concave suivante, où le même phénomène se produit ; les rives

Fig. 74. — Rives *convexe* et *concave* de l'Ardèche, près Vallon.

concaves reculent donc constamment et les rives convexes avancent toujours ; il en résulte que le cours d'eau tout entier se déplace d'une façon insensible et continue, arrivant ainsi à *balayer* et à *remanier* successivement tous les points du fond de sa vallée, ce qui en explique la largeur.

❀ *Les cours d'eau tranquilles ont creusé des vallées larges grâce au déplacement de leurs courbes ou* méandres; *ce déplacement résulte de l'affouillement des rives* concaves *et de l'alluvionnement des rives* convexes.

78. Terrasses. — Le déplacement des cours d'eau donne lieu à la production des *terrasses*. Les terrasses sont des lambeaux d'alluvions anciennes déposées sur les pentes des vallées et qui dominent le cours actuel des eaux à des niveaux qui souvent se font face et se correspondent d'un côté et de l'autre de la vallée. En effet, la rivière ne pousse pas seulement ses méandres dans la direction aval, elle progresse aussi dans le sens vertical, creusant toujours sa vallée plus profondément et se trouvant à chacune de ses oscillations à un niveau inférieur à celui qu'elle occupait lors de son dernier passage; elle respecte ainsi une partie de ses dépôts.

❀ *Les* terrasses *sont des lambeaux d'alluvions anciennes que le déplacement du lit des cours d'eau a respectées grâce au* creusement progressif *de leur vallée.*

79. Fausses-rivières. — Le phénomène fréquent des *fausses-rivières* est également dû au déplacement des cours d'eau; ce sont d'anciens *méandres* dont les courbes se sont rapprochées et dont les rives concaves se sont réunies (Pl. III, A); la rupture qui résulte d'un phénomène de ce genre est alors empruntée par le courant, qui peu à peu précipite ses alluvions devant l'ancien méandre, édifiant une sorte de digue qui finit par l'isoler. C'est alors une fausse-rivière, qui devient eau dormante d'abord et se desséchera ensuite par infiltration lorsque la rivière s'enfoncera plus profondément dans sa vallée.

❀ *Une* fausse-rivière *est un méandre rompu par l'érosion, au point de rapprochement de deux rives concaves, et isolé du cours d'eau par une digue naturelle d'alluvions.*

80. Pertes de rivières. — Les *pertes de rivières* consistent dans le parcours souterrain que certains cours d'eau offrent en un ou plusieurs points de leur trajet. Sollicitées par les fractures du terrain, leurs eaux ont ainsi pénétré dans le sol, y portant leur action érosive, forant de longs couloirs et parfois des grottes merveilleuses; puis elles réapparaissent au jour après un parcours plus ou moins long. En France, le Bonheur se perd dans la grotte de Bramabiau (Gard). La perte du Rhône à Bellegarde (Ain) a été détruite pour les besoins de l'industrie (*fig.* 76). En Belgique, la Lesse se perd dans les grottes de Han (*fig.* 75 et 29). En Autriche, la Piuka se perd dans les belles grottes d'Adelsberg et la Recca disparaît à plusieurs reprises dans les grottes inaccessibles de Saint-Canzian.

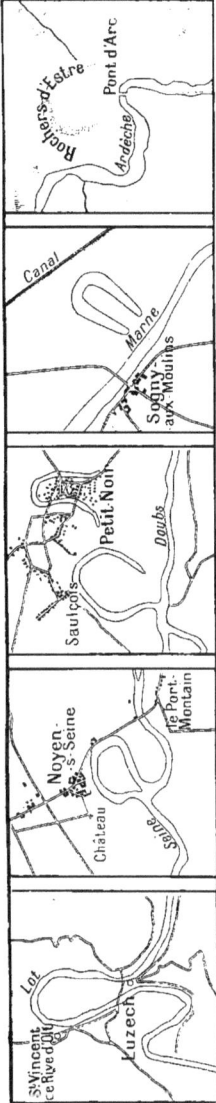

A – FAUSSES RIVIÈRES : Evolution d'un MÉANDRE, depuis le rapprochement des courbes jusqu'au dessèchement

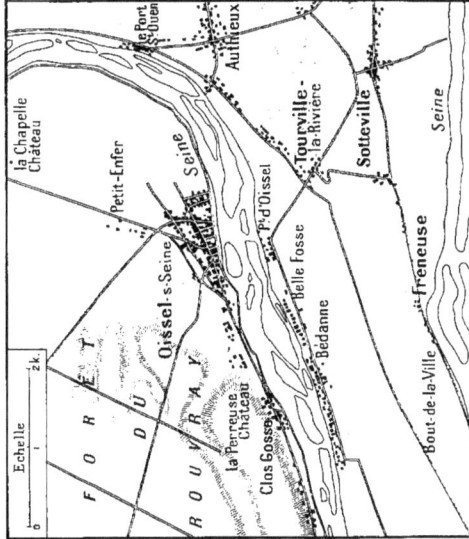

Labels (left panels): Rochers d'Estre — Pont d'Arc — Ardèche ; Canal — Macne — Soony-aux-Moulins ; Petit-Noir — Doubs — Saulpois ; Noyen-s-Seine — Château — rte de Pont-Montain — Seine ; St Vincent rive de Rive du Lot — Luzech — Lot

C – ILES de la Seine à Oissel

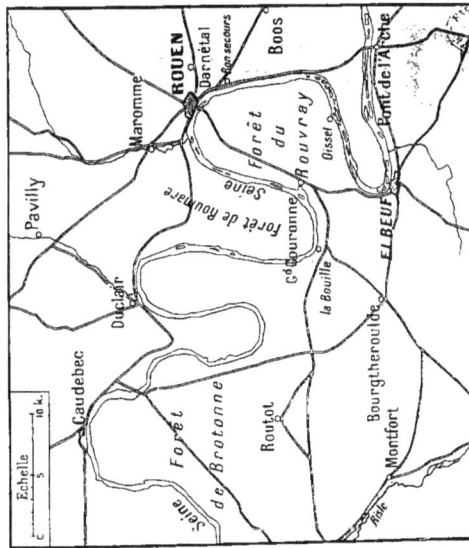

Labels: Pont-Ouen — Authieux — la Chapelle Château — Petit-Enfer — Seine — Tourville-la-Rivière — Sotteville — Seine — Pt-d'Oissel — Belle fosse — Fréneuse — Oissel-s-Seine — Bédanne — Bout-de-la-Ville — F O R Ê T   D U   R O U V R A Y — la Perreuse Château — Clos Gosses — Echelle — 0 — 2 k.

B – MÉANDRES de la Seine à Rouen

Labels: ROUEN — Darnétal — Bois secours — Boos — Maromme — Forêt du Rouvray — Oissel — Pont de l'Arche — Pavilly — Seine — forêt de Roumare — Gd Couronne — Duclair — ELBEUF — la Bouille — Bourgtheroulde — Caudebec — Montfort — Routot — Forêt de Brotonne — Seine — Rde — Echelle — 0 — 5 — 10 k.

Phot. Boyer.

Fig. 75. — *Perte* de la Lesse dans les grottes de Han (Belgique).

❧ *Une* perte de rivière *est la disparition des eaux de cette rivière dans le sol et leur réapparition au jour après un trajet* souterrain *plus ou moins long.*

81. Captures de rivières. — En terrain peu accidenté et formant limite entre deux bassins hydrographiques, il est arrivé, par suite de dénudation, que certains affluents, après avoir longtemps alimenté une rivière, l'ont abandonnée pour en alimenter une autre. On a donné à ce phénomène le nom de *capture de rivière*. Plusieurs petits cours d'eau de France offrent cette particularité dans leur passé. En Asie, le grand fleuve Oxus ou Amou-Daria, qui se jetait autrefois dans la mer Caspienne par un lit maintenant desséché, porte actuellement ses eaux dans la Mer d'Aral (*fig.* 77). La Mer d'Aral a donc *capturé* des eaux qui appartenaient auparavant à la Mer Caspienne.

❧ *Une* capture de rivière *peut être amenée par la dénudation du sol, qui, en détournant les eaux d'une rivière, peut lui faire abandonner le cours d'eau qu'elle alimentait jusqu'alors pour un autre.*

Fig. 76. — *Perte* du Rhône, à Bellegarde (Ain).

82. Alluvions. — Les cours d'eau transportent sans cesse les matériaux qu'ils arrachent à leurs rives et dont la grosseur varie avec la vitesse du courant. C'est ainsi que les éléments entraînés par la vitesse des crues d'une rivière sont plus gros que ceux qui sont déplacés par son débit moyen. C'est la même raison de vitesse qui fait que les eaux qui s'écoulent du côté de la rive concave d'un

Fig. 77. — *Capture* de l'Oxus ou Amou-Daria.

méandre peuvent transporter des cailloux, alors que les eaux voisines de la rive convexe ne déplacent que du gravier ou du sable (**77**) ; ainsi les rivières torrentielles entraînent des matériaux beaucoup plus gros que les cours d'eau tranquilles ; ces derniers, à certains moments de l'année, ne transportent que des limons ; leur parfaite limpidité aux basses eaux indique parfois un arrêt temporaire de leur alluvionnement.

On a souvent cherché à évaluer le volume des matériaux charriés par les fleuves : on a ainsi trouvé que le Rhône transporte annuellement à la mer 21 millions de mètres cubes ; le Pô en apporterait 43 millions ; le Danube, remarquable par sa grande action érosive, transporte 60 millions de mètres cubes. Un calcul plus audacieux encore a permis d'évaluer à plus de 10 kilomètres cubes le volume

des matériaux jetés annuellement à la mer par tous les fleuves du monde.

✿ *Les alluvions sont les sables, graviers et cailloux charriés et déposés par les cours d'eau.*

83. Iles. — Les *îles*, lorsqu'elles ne sont pas dues à la persistance de masses rocheuses plus résistantes, résultent d'accumulations locales d'alluvions. Si le fond du lit d'un cours d'eau présente un obstacle capable de contrarier le courant, il se formera en aval de cet obstacle un alluvionnement, un banc de sable, c'est-à-dire une île embryonnaire qui ira augmentant de volume jusqu'à l'émersion ; l'île alors sera née. Une île présente à son tour au milieu du courant un obstacle qui pourra provoquer la formation d'une ou de plusieurs autres îles ; celles-ci se rencontrent fréquemment en chapelets dans le cours des fleuves (Pl. III, C). Les îles ne sont pas immobiles, elles descendent le courant par un double mécanisme d'érosion et d'alluvionnement qui les pousse doucement vers l'aval. En effet, le courant affouille continuellement la pointe supérieure des îles et va déposer à leur pointe inférieure les matériaux qu'il a arrachés, de sorte que, la première pointe diminuant sans cesse et la seconde augmentant toujours, il résulte un déplacement général ; et de même que les cours d'eau remanient périodiquement tout le fond de leur vallée (**77**), de même ils remanient d'un bout à l'autre la « chair » de leurs îles.

✿ *Les îles formées d'alluvions s'édifient en aval d'un obstacle. Continuellement affouillées en amont et augmentées en aval, ces îles se déplacent lentement, dans le sens du courant.*

84. Estuaires. — Tous les cours d'eau qui arrivent à la mer précipitent presque aussitôt leurs matériaux d'alluvions ; ils comblent alors plus ou moins leur *estuaire*, c'est-à-dire le vaste espace triangulaire compris entre l'écartement de leurs rives et l'*embouchure* ou entrée

LES COURS D'EAU

A - ESTUAIRE, profond de la Gironde

B - ESTUAIRE comblé de la Somme

C - DELTA en voie de colmatage du Rhône

D - Double DELTA de l'Adige et du Pô

E - DELTA à peu près colmaté du Nil

F - DELTA branchu du Mississipi

des eaux douces en mer. L'estuaire est une érosion large et profonde due à l'action combinée du fleuve et des marées. Si le courant du fleuve possède une certaine force et si des courants marins passent près de l'embouchure, les alluvions sont emportées au large : si la vitesse des eaux du fleuve est faible, les alluvions, qui ne se déplacent qu'à la faveur du courant, sont précipitées ; en mer, en effet, la vitesse se ralentit, puis s'éteint ; c'est pourquoi les matériaux apportés tombent sur le fond. Il y a donc des estuaires très profonds, comme celui de la Gironde (Pl. IV, A), et il y en a qui à marée basse apparaissent entièrement comblés de sables, comme celui de la Somme (Pl. IV, B). Il arrive souvent que ces alluvions ont acquis une émergence suffisante ; elles sont alors progressivement confisquées par l'homme et utilisées pour l'agriculture.

※ *En s'arrêtant contre la masse des eaux de la mer, les cours d'eau précipitent leurs alluvions et comblent peu à peu l'estuaire qui a été creusé par l'effort du cours d'eau et des marées ; les parties émergées de ces apports sont ensuite utilisées par l'agriculture.*

85. Deltas. — Quant aux grands fleuves, leurs apports sont considérables et ils déposent des amas d'alluvions qui occupent des surfaces énormes dans les mers à marées très faibles, comme celles des mers intérieures. Ces amas donnent alors naissance à des terres qui ga-

gnent peu à peu sur les eaux et contribuent à augmenter la superficie des continents ; ce sont les *deltas*. Alors le fleuve, gêné par ses propres alluvions, se divise, projetant des bras dans plusieurs directions, complétant par les apports de chacun d'eux le *colmatage* ou émergence de son delta. En France, le principal delta est celui du Rhône, dont la partie centrale est la Camargue (Pl. IV, C) ; la bouche de son bras principal ou Grand-Rhône avance en mer d'une soixantaine de mètres par an. Il arrive quelquefois que deux ou trois fleuves, se jetant à la mer à une petite distance les uns des autres, finissent par confondre leurs deltas en un seul, comme ceux de l'Adige et du Pô dans la mer Adriatique (Pl. IV, D), du Gange et du Brahmapoutre aux Indes, du Mississipi, de l'Ouachita et de la Rivière-Rouge en Amérique du Nord. En Italie, le delta du Pô est très envahissant : il avance en mer de 70 mètres par an. Il en est de même du Danube, qui apporte chaque année 60 millions de mètres cubes d'alluvions à la mer. En Afrique, le delta du Nil est presque totalement colmaté (Pl. IV, E). En Amérique, le Mississipi présente un bras très curieux (Pl. IV, F), qui projette en mer une série de branches resserrées chacune entre deux bandes étroites de terres marécageuses formées elles-mêmes d'alluvions rejetées à droite et à gauche de leur courant par les eaux du fleuve.

※ *Les deltas sont des amas énormes d'alluvions déposées par les fleuves à leur embouchure. Ces dépôts, qui se forment dans les mers à faibles marées, augmentent constamment et gagnent sur la mer. Le delta du Rhône avance en moyenne de 57 mètres par an.*

86. Gelées hivernales. — Avant de quitter les cours d'eau qui viennent de nous conduire à la mer, il est nécessaire de dire quelques mots des *gelées hivernales* à la fin desquelles les rivières ont une action géologique particulière. Dans un bassin

Fig. 78. — La Seine charriant des glaçons, à Paris (1893).

Fig. 79. — *Embâcle* de la Seine, à Suresnes (1895).

hydrographique, les ruisseaux se congèlent les premiers, puis les petits cours d'eau dont ils sont les affluents se prennent à leur tour. Certaines étendues gelées durant la nuit se divisent d'elles-mêmes au jour; cela met en liberté d'innombrables glaçons que tout le réseau hydrographique charrie vers le fleuve (*fig.* 78). L'arrêt de ces glaçons contre un obstacle quelconque produit une *embâcle*, c'est-à-dire une accumulation de glaçons qui se soudent très rapidement, si le froid est vif, et contre lesquels viennent s'arrêter et se souder à leur tour d'autres glaçons charriés de l'amont (*fig.* 79 et 80).

❉ *Au cours des grandes gelées hivernales*

Fig. 80. — Embâcle de la Loire, près de Blois (Loir-et-Cher).

les fleuves commencent par charrier les glaçons de leurs affluents. Un obstacle dans le courant peut déterminer l'embâcle ou arrêt, accumulation et soudure des glaçons charriés.

87. Débâcles. — La *glace* qui se forme sur les rives d'un cours d'eau entre en contact avec les terres et pierrailles et les agglomère. Les gelées peuvent entraîner la congélation jusqu'au fond sur les bords du lit; les glaces englobent alors une certaine somme d'alluvions. Dans les vallées étroites, des éboulements précipitent sur les glaces des blocs de différentes grosseurs. Or tous ces matériaux saisis par la congélation des eaux seront emportés au moment du *dégel* par la *débâcle*; les gros blocs de roches s'en iront ainsi à la dérive empâtés dans les glaces flottantes, et tout sera peu à peu précipité sur le fond à mesure que la fonte des glaçons se produira. Ce mécanisme, on le voit, est très analogue à celui des glaces flottantes polaires (**67** et **68**). De sorte que les très grosses pierres que l'on trouve notamment dans les alluvions de la Seine n'ont pas eu besoin de grands courants torrentiels pour y être amenées : ce sont les glaces qui les ont apportées.

❉ *Les glaçons des embâcles entrent en contact avec les rives des cours d'eau; ils y agglomèrent des terres et des grosses pierres qui sont emportées au dégel par les glaces flottantes et précipitées sur le fond.*

88. Crues. — Le dégel n'amène pas seulement les débâcles ; en produisant la fonte des neiges, il provoque les *crues*, c'est-à-dire l'augmentation rapide du débit des cours d'eau. Les crues peuvent être dues aussi à de grandes pluies persistantes. Dès que le cours d'eau sort de son lit, il y a *inondation* (*fig.* 81) : c'est l'irruption des eaux dans les parties les plus fertiles d'une vallée. Ce phénomène est désastreux, car avant de déposer le limon qui peut avoir quelque qualité au point de vue agricole, il commence par entraîner la terre végétale et détruire les cultures. Il n'y a aucun remède contre l'inconvénient des inondations, car on ne pourrait pas construire de réservoirs assez grands pour emmagasiner momentanément les eaux en excès ; d'autre part, l'endiguement des cours d'eau ne produit qu'un effet temporaire ; les parties endiguées d'une rivière s'encombrent rapidement d'alluvions, et il faut exhausser les digues, comme on le fait en Italie sur les rives du Pô, ce qui est dangereux et cause des ruptures désastreuses.

Fig. 81. — *Inondation* de la Loire, à Nantes (Loire-Inférieure), en 1904.

❀ *Les crues ou augmentation rapide du débit d'un cours d'eau résultent du dégel ou des pluies persistantes ; elles engendrent les inondations, si funestes à l'agriculture.*

traverse cinq grands lacs (*fig.* 82 et dont les affluents jouissent d'avantages analogues ; aussi le débit de ce fleuve est-il presque invariable.

Lorsqu'un fleuve jette ses eaux dans un lac, il y précipite ses matériaux comme il le fait à son embouchure ; il en résulte alors un *delta* lacustre.

❀ *Les lacs disposés sur le trajet d'un cours d'eau emmagasinent les eaux de ses crues et régularisent ainsi son débit ; on les appelle lacs régulateurs ; un excellent exemple est le fleuve Saint-Laurent.*

89. Lacs régulateurs.

— Ce que l'homme ne peut pas faire, la nature le crée parfois. Les lacs qui se trouvent sur le chemin des cours d'eau jouent un rôle bienfaisant, car les *crues* viennent se perdre dans leur masse ; aussi les rivières qui en traversent plusieurs jouissent-elles d'une certaine stabilité. En effet, ces lacs régularisent leur débit et sont dits *lacs régulateurs*. Le type le plus caractéristique de cours d'eau à lacs régulateurs est le grand fleuve américain Saint-Laurent qui

Fig. 82. — Les *lacs régulateurs* du fleuve Saint-Laurent.

VI. LA MER

90. Niveau moyen. — Nous voici parvenus
au grand réservoir qui reçoit toutes les eaux
superficielles et auquel l'atmosphère emprunte
la plus grande partie de la vapeur d'eau qui
lui est nécessaire pour l'arrosage des continents (*fig.* 111). Le *niveau* des mers, si utile
à connaître pour déterminer exactement le
relief des continents, c'est-à-dire les *altitudes*,
est à peu près impossible à obtenir. En effet,
en dehors de l'agitation des eaux (*fig.* 83), le
niveau des mers éprouve une foule de variations : marées d'intensités différentes sur les
divers points du globe, action du vent assez
puissante pour entraîner des différences de
0 m. 80 sur un même rivage, pression baro-
métrique, pluie, attraction des massifs montagneux, salure plus ou moins forte des eaux.
On ne peut guère établir qu'un *niveau moyen
local;* en France, c'est dans le puits du *marégraphe* de Marseille qu'on a établi le repère
du nivellement général.

❀ *La détermination d'un* niveau moyen *des
mers étant impossible, chaque pays établit un
niveau moyen* local *à l'aide du* marégraphe.

91. Marées. — Tous ceux qui ont séjourné
sur les bords de la Manche ou de l'Océan ont
vu que la mer s'éloigne chaque jour à une distance plus ou moins grande du rivage et re-
vient sur ses pas en quelques heures ; on désigne ce phénomène sous le nom de *marée*.
Les marées, dues à l'influence prédominante
de la Lune, varient avec les mers et avec les
époques de l'année. L'oscillation des marées
se produit deux fois en 24 h. 50 m. : la mer
monte durant 6 heures, c'est le *flux* ou *flot;*
après un repos assez court durant lequel elle
est *étale*, elle redescend, c'est le *reflux* ou *ju-
sant*. Les marées hautes correspondent aux
passages de la Lune au méridien, les marées
basses aux levers et couchers de la Lune. A
l'influence de notre satellite vient périodique-

ment s'ajouter celle du Soleil. Lorsque les
deux influences viennent s'associer, elles produisent les *grandes marées* de syzygies, dont
l'amplitude maximum se manifeste aux équi-
noxes ; quand elles se contrarient, elles donnent lieu aux marées de quadrature ou faibles
marées. Les océans donnent à peu près 0m,70
d'écart entre la haute et la basse mer. C'est
au fond des golfes que l'écart est plus considérable et c'est le cas de la baie du Mont-Saint-
Michel : tandis que l'oscillation moyenne est
déjà de 6m,38 à l'île d'Ouessant, elle est de
8m,22 à Roscoff, de 9m,90 à l'île de Bréhat,
de 11m,44 à Saint-Malo, de 11m,74 aux
îles Chausey et de 12m,30 au Mont-Saint-
Michel. Les marées se font sentir sur une
certaine partie du cours des fleuves; la Seine
en éprouve les influences jusqu'à Pont-de-
l'Arche (Eure), le flot est sensible jusqu'à
160 kilomètres de l'embouchure de la Garonne. Aux grandes marées, une grosse vague

Fig. 82 bis. — Le *Mascaret* de la Seine, à Caudebec.

ou *mascaret* surmonte la résistance des fleuves et remonte leur cours avec rapidité; en
Seine, c'est à Caudebec (Seine-Inférieure) que
le mascaret se manifeste le plus énergique-
ment (*fig.* 82 bis).

❀ *Les* marées *se produisent deux fois en
24 h. 50 m.; elles sont dues à l'influence de
la* Lune. *Quand l'influence du* Soleil *s'y
ajoute, elle donne lieu aux* grandes marées.
C'est au fond des golfes que l'écart des marées
haute *et* basse *est le plus grand.*

92. Courants marins. — Comme l'atmosphère, les mers sont animées de grands courants ; les *courants* marins sont formés de

Phot. Ladislas.

Fig. 83. — *Vague* se brisant contre un môle, à Saint-Jean-de-Luz (Basses-Pyrénées).

grandes masses d'eau chaude qui se dirigent des régions tropicales vers les régions polaires; elles recouvrent ou côtoient des courants froids qui suivent une direction contraire. Les courants marins, comme les courants atmosphériques, sont dus à des différences de température. Les eaux chaudes étant plus légères et les eaux froides plus lourdes, elles sont obligées de rechercher sans cesse un état d'équilibre qui leur échappe toujours à cause des différents climats. Le courant le plus important de l'Atlantique et qui intéresse plus directement l'Europe est le courant du golfe du Mexique ou Gulf-Stream; ses eaux tièdes se déplacent avec une vitesse qui dépasse celle des eaux du Mississipi et du fleuve des Amazones. Ce courant se forme au large de l'Afrique occidentale, se dirige sur l'Amérique centrale, gagne le golfe du Mexique dans lequel il dessine un large circuit et s'échappe par le détroit de la Floride; il prend alors le chemin de l'Europe, caresse les îles Britanniques et porte jusqu'aux rivages de Norvège les bois flottés qui l'ont suivi depuis les Antilles.

✿ *Les* courants marins *sont dus aux différences de* température *des eaux; les uns vont de l'équateur vers les pôles, les autres marchent dans le sens contraire. Le Gulf-Stream est le plus important de l'Atlantique.*

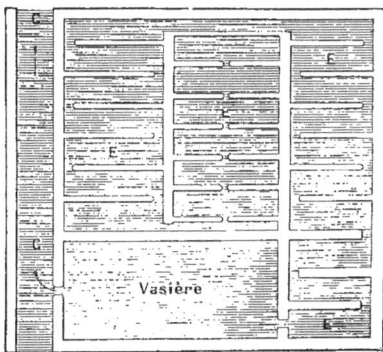

Fig. 84. — Disposition d'un *marais salant*.
C C, Petit canal d'amenée de l'eau, E, E, Compartiments d'évaporation.

Fig. 85. — Récolte du *sel*, aux Sables-d'Olonne (Vendée).

93. Marais salants. — Chacun sait que les eaux de la mer sont très salées, et qu'elles laissent par évaporation un dépôt minéral cristallisé qui est du chlorure de sodium ou *sel de cuisine*. Ce sel y est représenté dans une proportion moyenne de 27 grammes pour 1 litre d'eau ; il fait en certains pays l'objet d'une exploitation assez active, qui est celle des *marais salants*. Ceux-ci sont formés d'un grand nombre de compartiments (*fig.* 84), peu profonds et séparés entre eux par des petites levées de terre qui permettent de circuler. Dans ces compartiments, surtout dans les derniers, l'évaporation est rapide ; le sel blanc s'y condense à la surface de l'eau comme une mousseline flottante (*fig.* 85). On recueille le sel et on l'accumule en tas énormes, que l'on recouvre d'une enveloppe d'argile pour en assurer la conservation jusqu'au moment de la vente. Les marais salants du Bourg de Batz, des Sables-d'Olonne, etc., sont importants.

✿ *L'eau de la mer contient en moyenne 27 grammes de sel par litre ; on le recueille dans les marais salants en y provoquant l'évaporation rapide de l'eau.*

94. Plateforme littorale. — Avec la masse de ses eaux toujours en *mouvement*, le jeu régulier de ses marées, la mer est un puissant agent de démolition. Le roulement continu des vagues sur le rivage finit par raboter le sol entre le niveau de la *marée haute* et celui de la *marée basse*. C'est toute cette largeur que les flots franchissent quatre fois par jour, rongeant la surface rocheuse entière sans rien épargner ; il en résulte une large zone presque plate que l'on appelle *plateforme littorale*. Cette plateforme existe, généralement couverte de goémons, partout où il y a des marées notables et où la mer n'a accumulé ni galets ni sable. Les côtes du département de Seine-Inférieure en offrent de fort belles à la base des falaises de craie (*fig.* 87).

Fig. 86. — Éboulement du cap de la Hève (Seine-Inférieure), en 1903.

Fig. 87. — *Plateforme littorale* et *falaises* de craie, à Étretat (Seine-Inférieure).

❀ *En rongeant l'espace parcouru chaque jour par les* marées, *la mer aplanit une zone rocheuse parallèle au rivage et donne naissance à la* plateforme littorale.

95. Falaises, aiguilles. — Sur toute l'étendue des côtes élevées, l'érosion se manifeste, en outre, sous forme de *falaises.* Ce sont les terrains calcaires qui en réalisent le type le plus parfait, notamment les assises de craie ; les falaises crayeuses d'Étretat, déjà citées, sont classiques. Ces murailles à pic, sculptées par la mer, sont continuellement attaquées et rongées à leur base, et de grandes masses de roches privées d'appui s'effondrent de temps en temps sur les grèves, témoin l'éboulement qui se produisit en septembre 1903 au cap de la Hève et fit plusieurs victimes (*fig.* 86). La côte recule ainsi lentement devant la mer et chaque année elle perd un peu de sa substance ; en certains points de la côte anglaise on a calculé un recul moyen annuel de 1 mètre. Mais une même roche présente fréquemment des parties de résistances différentes ; c'est ainsi que la mer respecte les *aiguilles,* monolithes plus ou moins volumineux isolés en mer à une petite distance des falaises et qui ont vu s'écrouler autour d'eux tout ce qui les rattachait au continent. Près d'Étretat, on remarque l'*Aiguille de Bénouville,* la *Roche de Vaudieu* et surtout la jolie *Aiguille d'Étretat* (*fig.* 90) qui s'élève en pain de sucre à une hauteur de 70 mètres. La

Fig. 88. La Demoiselle de Fontenailles (Calvados).

Fig. 89. — Le Mont-Saint-Michel (Manche).

Demoiselle de Fontenailles (Calvados), qui s'élevait si fière sur sa grève (*fig.* 88), a été rasée par les tempêtes durant l'hiver 1904-1905. Des monolithes de ce genre se trouvent dans tous les pays. Les éboulements de falaises produisent au pied de ces murailles des amas énormes qui subissent l'assaut des vagues et sont ainsi protecteurs des rivages.

✿ *Les falaises sont des parois à pic dues à la démolition de la côte par les attaques de la mer. Des parties plus résistantes sont respectées sous forme de monolithes ou aiguilles.*

96. Ilots. — On peut rattacher aux aiguilles les *îlots* isolés, comme le Mont-Saint-Michel, si imposant à marée basse, au milieu de sa baie déserte (*fig.* 89); il a fait partie du continent aux temps historiques, car on a retrouvé une carte très ancienne sur laquelle le Cotentin est figuré englobant non seulement cet îlot, mais aussi les îles Chausey, l'île de Jersey et l'île d'Aurigny (Pl. V, A). D'ailleurs, on sait que de belles forêts occupaient autrefois l'emplacement de la baie du Mont-Saint-Michel, car on a retrouvé dans ses sables de nombreux débris de cette végétation. L'île de Jersey était encore continentale au Ier siècle de notre ère et l'on sait que depuis le XIIIe siècle sept villages de la côte ont été successivement abandonnés, puis engloutis.

✿ *Comme les aiguilles, certains îlots voisins des côtes ont autrefois fait partie du continent et en ont été séparés et respectés par la mer; c'est le cas du Mont-Saint-Michel, des îles Chausey, etc.*

97. Arches, grottes marines. — Souvent, dans la masse d'un promontoire, s'ouvre une *arche* parfois gigantesque : les vagues ont trouvé là moins de résistance et ont passé. A Étretat, la *Porte d'amont*, l'élégante *Porte d'aval* (*fig.* 90) et la grandiose *Manneporte* sont fort admirées. Les *grottes* forées par les eaux de mer ne sont pas rares : celles de Morgat (Finistère) sont admirables; on les visite en bateau. Le *Trou-à-l'Homme*, à Étretat, la *grotte des Korrigans*, au Pouliguen, sont accessibles à marée basse. Sur la côte occidentale de l'Écosse, dans l'île volcanique

Fig. 90. — *Aiguille d'Étretat* et *Porte d'Aval*, à Étretat (Seine-Inférieure).

de Staffa, la *grotte de Fingal* est des plus pittoresques ; elle s'ouvre entre deux colonnades basaltiques. La *Roche Percée* de Port-Rush, Irlande (*fig.* 91), la *grotte d'Azur*, dans l'île de Capri (Italie), et la *grotte Bleue*, dans l'île Busi (Autriche), sont merveilleuses.

❀ *Les* arches *ont été creusées par la mer dans les parties moins résistantes des promontoires ; les* grottes *forées dans les falaises ont la même origine.*

98. Plages, galets. — Les éléments déposés par la mer sur les rivages, sur le littoral, sont les *sables* et les *galets*. Ces divers matériaux offrent toutes les grosseurs et ne sont jamais mélangés, car les eaux opèrent un *triage* très remarquable. C'est ainsi que lorsque les sables et les galets existent sur une

même côte, c'est à des niveaux toujours différents, les galets correspondant à la haute mer, qui les repousse toujours, et le sable ne découvrant qu'à marée basse, comme au Havre. Ces dépôts résultent en grande partie de la

Fig. 91. — La *Roche Percée* de Port-Rush (Irlande).

GÉOLOGIE

5

démolition des rivages et un rivage donne parfois naissance à plusieurs dépôts séparés. Prenons comme exemple les belles falaises blanches du département de la Seine-Inférieure (95 et *fig.* 87 et 90); elles se composent de *craie* et de rognons de *silex* ou *pierre à fusil*. La mer attaque la craie, qui finit par se délayer et fournit une grande quantité de vase calcaire impalpable aux dépôts profonds du large. Quant aux rognons de silex, roulés sans cesse, ils s'arrondissent en *galets*, puis, heurtés entre eux, brisés, pulvérisés, ils deviennent le beau *sable* des plages. Tous les rivages de roches dures donnent des galets que le roulement et les chocs finissent par réduire à l'état de sable. Les galets sont presque toujours poussés insensiblement dans une direction parallèle au rivage; c'est alors que leur invasion lente peut menacer un port de mer. Le port du Havre, pour se défendre, possède jusqu'à Sainte-Adresse une longue série de cloisons grossières ou *épis*, disposées perpendiculairement au rivage, et qui atténuent beaucoup ce danger.

✿ *La mer accumule sur les rivages du* sable *ou des* galets *résultant de la démolition des côtes. Les galets sont des silex ou des fragments de roche dure* roulés *par les flots. La pulvérisation des galets produit le sable.*

99. Cordons littoraux. — Quand certaines conditions se trouvent réalisées, les sables et les galets forment des levées qui émergent de la mer à une distance plus ou moins grande du rivage. Ces levées se produisent sur les côtes basses, à l'entrée des baies ou autres échancrures des rivages, à la faveur des marées faibles, et en eau peu profonde. Les dépôts qui doivent leur donner naissance cheminent en partant de l'une des extrémités de la baie, s'avancent peu à peu en prolongeant la ligne moyenne des côtes et en traçant la *corde* de *l'arc* formé par la baie; cette corde sera complète si quelque cours d'eau ne s'y réserve pas une passe. On a donné à ces digues naturelles le nom de *cordons littoraux;* leur solidité est très grande et, dès qu'ils sont émergés, les flots ne les déplacent pas, car ils ont été édifiés au-dessus des eaux par l'effort des tempêtes et des grandes marées d'équinoxe. Les cordons littoraux qui limitent les lagunes de Cette (Hérault) supportent ainsi la voie du chemin de fer avec une fixité parfaite (Pl. V, C).

✿ *Les* cordons littoraux *sont des levées de sables ou de galets édifiées par la mer à une certaine distance des rivages et généralement à l'entrée des baies.*

100. Lagunes. — Entre le *cordon littoral* édifié par la mer et l'ancien rivage maintenant protégé contre les vagues venant du large, de vastes étendues d'eau calme persistent : ce sont des *lagunes.* La salure de ces eaux dépend de plusieurs conditions. Dans nos pays, la salure est à peine supérieure à celle de la mer; dans les régions tropicales, elle est très forte, à cause de l'activité de l'évaporation. Cependant, si des cours d'eau venant de l'intérieur les traversent avant d'atteindre la mer, la salure peut être très faible : c'est alors de *l'eau saumâtre*, c'est-à-dire peu salée. Les eaux saumâtres sont habitées par une série de petits animaux auxquels ne conviendraient ni l'eau douce ni l'eau de mer; il y existe notamment des mollusques ou coquillages appartenant à une faune dite « d'eau saumâtre ». En France, il y a beaucoup de lagunes. En Gascogne, on remarque celles des départements de la Gironde et des Landes. Sur les côtes de la Méditerranée, les plus typiques sont celles de Cette et de Palavas, Hérault (Pl. V, C); celles du département de l'Aude et l'étang de Vaccarès (Rhône) sont à citer. Hors de France, celles de Venise (Italie) et de Kœnigsberg (Allemagne) sont classiques (Pl. V, D et E).

✿ *Les* lagunes *sont les étendues d'eau resserrées entre les cordons littoraux et l'ancien rivage; leur salure est très variable. En France, les* lagunes de Cette *sont typiques.*

101. Dépôts terrigènes. — Au fond des mers, deux dépôts d'origine différente se forment et progressent d'une manière continue : ce sont les dépôts *terrigènes* et les dé-

A – Invasion du Cotentin par la MER

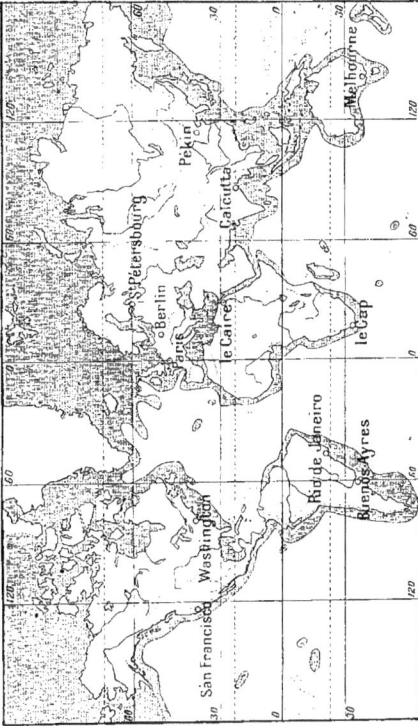

B – Planisphère avec pointillé indiquant les dépôts de la ZONE THALASSIQUE

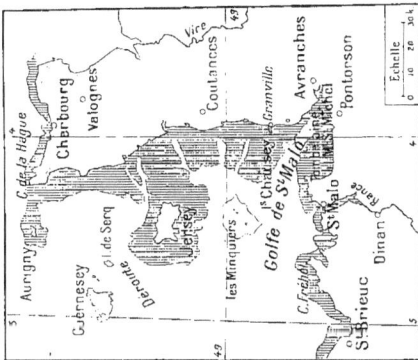

C – LAGUNES de Cette et de Palavas (Hérault)

D – LAGUNES de Venise (Italie)

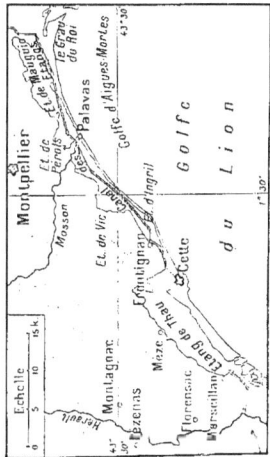

E – LAGUNES de Kœnigsberg (Allᵍⁿᵉ)

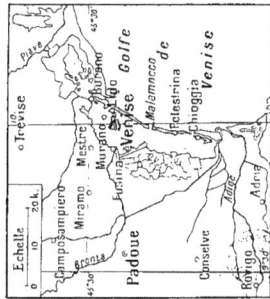

pôts d'*origine organique* ; nous étudierons ces derniers un peu plus loin (**103** et **109**). Les dépôts terrigènes sont ainsi appelés parce que leurs éléments sont empruntés à la terre ferme ; ils se forment très lentement et résultent de la précipitation de tous les matériaux impalpables, sables très fins, argile, calcaire, que la mer a pu tenir quelque temps en suspension après les avoir délayés sur la côte. Ce dépôt ne recouvre pas entièrement le fond des mers; on ne le trouve pas à plus de 250 kilomètres des côtes. C'est la zone dite *thalassique* (Pl. V, B).

❀ *Les dépôts* terrigènes *sont formés d'éléments légers résultant de la démolition de la* terre ferme *et qui se précipitent au fond de la mer jusqu'à 250 kilomètres des rivages.*

102. Profondeurs. — Le relief sous-marin, connu dans ses grandes lignes, est plus accusé que le relief des continents. Les grandes profondeurs dépassent 9 600 mètres, ce qui est bien supérieur au maximum d'altitude (Himalaya, 8 840 mètres). Les plus grandes profondeurs connues sont de 5 852 mètres pour l'Océan Indien ; 7 370 mètres pour le sud de l'Atlantique et 8 341 mètres pour le nord; 8 540 pour le nord du Pacifique et 9 636 pour l'ouest de cet océan ; ce maximum de profondeur a été reconnu à la *Fosse du Challenger*,

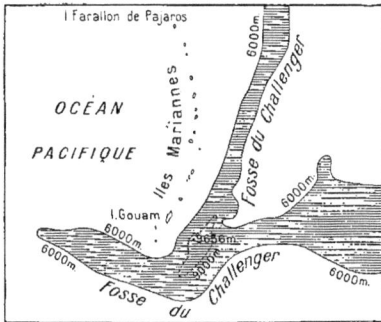

Fig. 92. — Emplacement de la *Fosse du Challenger*, la plus grande *profondeur* océanique connue.

qui se creuse à l'est et au sud des Iles Mariannes (*fig.* 92). On a conclu de ces différents chiffres que la profondeur moyenne des mers est de 4 000 mètres. Ajoutons que si l'altitude moyenne des continents n'est que de 700 mètres, c'est que leurs grands reliefs n'ont que peu d'étendue superficielle, alors que les grandes profondeurs sous-marines offrent des surfaces considérables.

— *Les* grandes profondeurs *sous-marines atteignent 9 636 mètres dans l'Océan Pacifique, près des Iles Mariannes. Elles sont supérieures aux hautes altitudes continentales, qui atteignent 8 840 mètres dans l'Himalaya.*

103. Dépôts organiques. — Nous avons vu que la plupart des dépôts résultent de la démolition de terrains préexistants. Depuis le temps où les premières mers ont attaqué la première écorce terrestre, les eaux n'ont pas cessé de démolir et de déposer, de remanier ce qu'elles avaient édifié et de multiplier les mélanges. A ce délayage universel ont collaboré les eaux de ruissellement, les cours d'eau et les mers. Mais d'autres dépôts se forment dans les grandes profondeurs de la mer, en dehors des éléments terrigènes; ils sont essentiellement formés de débris d'origine animale et végétale (**109**). Certaines vases marines sont seulement composées de l'accumulation lente d'êtres microscopiques ; un microorganisme meurt, sa dépouille invisible tombe lentement sur le fond et coopère au dépôt, qui, avec le temps, pourra atteindre plusieurs centaines de mètres d'épaisseur. Tous ces dépôts sont des *sédiments*, et lorsque les mouvements du sol, qui seront étudiés plus loin (**153**), les auront soulevés doucement au-dessus des eaux, ces dépôts émergés seront des *roches sédimentaires* (**105**).

❀ *Aux dépôts terrigènes, il faut ajouter ceux qui sont formés de débris animaux et* végétaux; *tous ces dépôts sont des* sédiments. *Leur émersion au-dessus des eaux en fera des* roches sédimentaires.

104. Stratification des dépôts. — Les dépôts marins et lacustres progressent généralement avec une parfaite horizontalité. Cette horizontalité est facile à constater, sauf dans les terrains qui ont été bouleversés par les contractions de l'écorce terrestre (**150** à **152**). En effet, le régime de tous les dépôts est plus ou moins variable et chaque modification donne lieu à la précipitation de matériaux un peu différents, reconnaissables dans la roche à la grosseur du grain, à sa dureté et à sa compacité. C'est ainsi que les grandes *assises* de roches se divisent en *couches* et les couches en *lits;* il en résulte dans les terrains une série de *strates* qui constituent la *stratification* (*fig.* 93). Les terrains *stratifiés* sont donc composés de différentes roches sédimentaires, étagées les unes sur les autres en *stratification concordante* (*fig.* 94, A), et dont les unes se sont formées dans les mers, les autres au fond des lacs. Parfois des couches inclinées sont recouvertes de couches horizontales, c'est un cas de *stratification discordante* (*fig.* 94, B).

❀ *Les dépôts sédimentaires se superposent en couches ou strates ; ils sont donc stratifiés et se différencient les uns des autres par leur structure, leur dureté et leur origine, soit marine, soit lacustre.*

Fig. 94. — Disposition de terrains *stratifiés.*
A, Stratification concordante ; B, Stratification discordante.

103. Roches sédimentaires. — On distingue dans la classification des roches sédimentaires les roches *arénacées*, les roches *argileuses* et les roches d'origine *organique.*

Les roches *arénacées* sont *meubles* ou bien l'ont été avant que des infiltrations n'y aient apporté des principes minéraux dissous qui en ont soudé, cimenté tous les éléments. Les sables, les graviers, les cailloux ou galets (**98**) sont des dépôts meubles ; ils peuvent être siliceux ou calcaires. Lorsque ces dépôts sont cimentés par des infiltrations d'eaux minéralisées, ils deviennent une masse compacte ; le *sable* s'est ainsi transformé en *grès à pavés*. La cimentation des gros graviers et des cailloux produit le *conglomérat* ou *poudingue.*

Les roches *argileuses* sont plastiques, c'est-à-dire malléables comme l'*argile* proprement dite, ou solides comme les *marnes* très calcaires. Lorsqu'une couche d'argile a subi la haute température des profondeurs du sol, ainsi que la pression des couches qui la recouvrent, de plastique elle devient dure, cristalline et feuilletée ; elle s'est transformée en *schiste ;* les *ardoises* (*fig.* 95) sont des schistes très feuilletés.

Les roches d'origine *organique* ont la totalité ou la plus grande partie de leur substance formée de débris animaux ou végétaux. Ce sont les *calcaires*, qui pré-

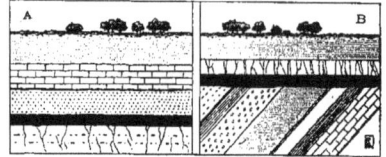

Fig. 93. — Type de terrain *stratifié*, à Roquefavour (Bouches-du-Rhône).

Fig. 95. — Exploitation souterraine de l'*ardoise* aux environs d'Angers (Maine-et-Loire).

sentent une foule de variétés ; ils peuvent être aussi fins que la *craie blanche* (*fig.* 87 et 90), aussi grossiers que le *calcaire à bâtir* des environs de Paris (*fig.* 96), aussi durs et compacts que le beau *calcaire lithographique*, aussi purs et cristallins que le *marbre*. Le *gypse* ou *pierre à plâtre* n'est pas un dépôt d'origine organique ; il s'est formé dans les *lagunes* dont nous avons parlé plus haut (**100**).

✽ *Les roches sédimentaires* arénacées *sont meubles comme le sable ou compactes comme le grès à pavés. Les roches argileuses sont plastiques comme l'argile ou dures et feuilletées comme le schiste. Les roches d'origine organique sont des calcaires fins ou grossiers. Le gypse s'est déposé au fond des lagunes.*

106. Fossiles. — Lorsqu'on pénètre dans une carrière qui s'ouvre en terrain sédimentaire, il n'est pas rare de trouver des coquillages, souvent brisés, parfois intacts ; on désigne sous le nom de *fossiles* les débris animaux et végétaux que contiennent les roches *sédimentaires* (*fig.* 97 et 98). Ces débris se sont

Fig. 96. — Exploitation de *calcaire grossier*, aux environs de Paris.

A, Crustacé.   B. Mollusque.   C. Fougère.
Fig. 97. — *Fossiles* provenant de divers terrains.

déposés dans les vases des fonds sous-marins
(**103** et **109**) ou sous-lacustres et appartenaient
aux êtres qui vivaient dans ces eaux. On a
ainsi recueilli les restes d'innombrables fossiles marins et d'eau douce. On a également
trouvé des animaux terrestres dans ces terrains, mais il faut croire qu'ils s'étaient
noyés, car dès qu'un organisme meurt à la
surface du sol, il devient le siège d'une décomposition chimique et d'autres organismes
s'empressent de le dévorer ; puis l'humidité
de l'air, l'action dissolvante des eaux de pluie
et les gelées ont rapidement raison de ses os. De
sorte qu'un corps, quelles que soient les dimensions de son squelette, est appelé à disparaître
en peu de temps s'il est exposé à l'air. Les
organismes mourant au fond des eaux ont au
contraire beaucoup plus de chances de conservation, surtout s'ils se sont rapidement enfouis

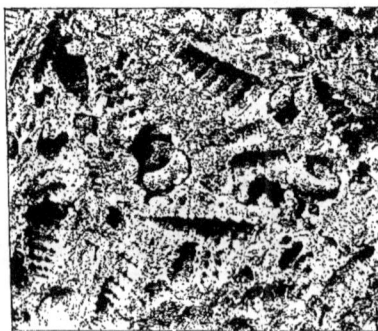

Fig. 98. — *Empreintes* de cérithes
dans le calcaire grossier des environs de Paris.

dans la vase, c'est-à-dire dans un milieu échap-
pant en partie aux influences destructives.

✻ *On retrouve dans les roches sédimentaires les débris des êtres qui vivaient au
temps de leur dépôt : ce sont les fossiles, qui
ont échappé à la destruction par leur enfouissement dans la vase.*

107. Importance des fossiles. — Les *fossiles*
permettent de fixer immédiatement l'origine
d'un terrain, car les dépôts marins ne renfer-
ment que des organismes marins et les dépôts
d'eau douce que des coquilles d'eau douce ;
certaines espèces, ou bien le mélange des deux
faunes indiquent en outre le voisinage de l'embouchure d'un fleuve ou une lagune (**100**).

Les fossiles se présentent sous des aspects
très différents, et ce que l'on trouve de chaque
animal, par exemple, est la portion la plus résistante de son anatomie. Les vertébrés ont
laissé leurs *os ;* les poissons cartilagineux sont
représentés par leurs *écailles ;* les mollusques,
par leur *coquille* (*fig.* 97, B) ; les échino-
dermes et les crustacés, par leur enveloppe
calcaire (*fig.* 97, A), etc. Des animaux plus
fragiles, dont il ne serait rien resté dans les
circonstances ordinaires, ont pu conserver
leur forme à la faveur de conditions particu-
lières : c'est ainsi qu'un très grand nombre
d'insectes existent dans l'ambre, qui est une
résine fossile ; ils s'y sont englués aux temps
géologiques et n'ont subi aucune altération.
Les coquilles des mollusques existent à l'état
d'empreintes, comme les cérithes du calcaire
à bâtir des environs de Paris (*fig.* 98) ; on
y trouve un *moulage extérieur* contenant un
moulage intérieur avec un vide entre les deux,
parce que la coquille qui s'y trouvait a été
fréquemment dissoute. Ailleurs, au contraire,
les espèces les plus fragiles, les plus jolies,
se sont merveilleusement conservées avec
leur test, leur émail et parfois leur colora-
tion, comme à Grignon (Seine-et-Oise).

✻ *Les fossiles indiquent l'origine marine
ou lacustre des roches ; ils sont représentés
par leur partie la plus résistante, comme la
coquille des mollusques, ou par leur em-
preinte lorsque leur substance a été dissoute.*

Fig. 99. — Ile fréquentée par une multitude d'oiseaux de mer produisant le *guano*.

VII. LES ORGANISMES

108. Guano, animaux lithophages. — L'influence des êtres est très grande en géologie ; il suffit pour s'en rendre compte de rappeler que les polypiers (**110**) par leur croissance peuvent contribuer à la formation des continents et que les végétaux amassés en certains points, et se décomposant à l'abri de l'air, donnent naissance à la tourbe (**115**) et à la houille ou charbon de terre (**112**).

Avant d'étudier les dépôts organiques des grandes profondeurs et les récifs de coraux, il faut citer quelques menus faits qui sont des exemples utiles à connaître. C'est ainsi que le *guano*, qui résulte de l'accumulation sur certaines îles des excréments d'oiseaux de mer, forme des amas souvent considérables (*fig.* 99) ; celui des îles Chincha, exploité comme phosphate depuis un grand nombre d'années, est le principal dépôt de ce genre. Un oursin très commun sur nos côtes, l'*oursin*

livide, se creuse dans les roches cristallines une cavité dans laquelle il se loge tout entier ; à la pointe Saint-Mathieu et à la pointe de l'Armorique (Finistère), on peut voir la roche qui constitue la plateforme littorale criblée de trous occupés chacun par son propriétaire ; mais cette zone n'est découverte qu'aux grandes marées. Un mollusque bivalve marin, la *pholade*, perfore le grès et le granit pour s'y faire un abri (*fig.* 100). Dans le midi de

Fig. 100. — Granit perforé par des *pholades*.

la France et en Algérie, on a trouvé des *escargots* logés par la même cause et de la même façon dans des roches calcaires.

❀ *L'accumulation des excréments des oiseaux de mer constitue le* guano. *L'oursin livide et la pholade* creusent *des trous dans les roches les plus dures et s'y logent. L'escargot fait de même dans le calcaire.*

109. **Vases océaniques.** — Il nous faut revenir maintenant sur les organismes microscopiques, qui donnent lieu par l'accumulation de leurs débris à des *sédiments* de grande importance (**103**). Ces microorganismes sont

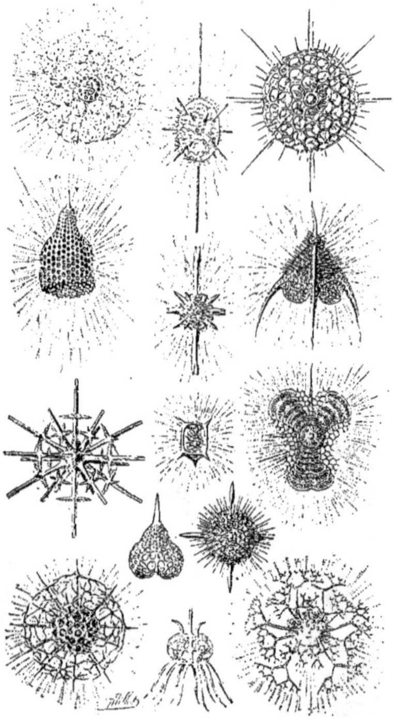

Fig. 101. — Squelettes siliceux grossis de *radiolaires*.

généralement calcaires, parfois siliceux; leur organisation est très simple; ils appartiennent à la classe des *Protozoaires*. Ces êtres pullulent à la surface des mers et ils se multiplient avec une rapidité extraordinaire Leurs débris forment sur le fond une vase extrêmement fine, une *boue,* dont la composition varie avec les régions, selon que telle ou telle espèce y prédomine; on a reconnu plusieurs de ces vases : la *boue à globigérines* est la plus répandue; on la trouve dans les mers tropicales sur des fonds de 3 650 à 5 300 mètres. La *boue à biloculines*, au contraire, se trouve au fond des mers polaires. La *boue à ptéropodes* est une boue à globigérines encombrée de débris de mollusques ptéropodes; cette vase se trouve à une profondeur de 2 000 mètres. Toutes ces boues sont calcaires. La *boue à radiolaires* est siliceuse; elle se rencontre à toutes les profondeurs jusqu'à 8 000 mètres; les squelettes siliceux des innombrables espèces qui forment cette vase révèlent à l'examen microscopique des formes infiniment jolies (*fig.* 101).

❀ *La* vase *des grandes profondeurs de la mer est formée de débris de Protozoaires On y distingue différentes* boues *calcaires; la* boue à radiolaires *est siliceuse*

110. **Coraux.** — Dans les formations coralliennes l'animal vivant travaille directement à la croissance du dépôt. Ces êtres appartiennent à la classe des *Anthozoaires*, dans laquelle figurent les polypiers dont l'action géologique est très grande; ces animaux groupés en associations comptent un très grand nombre d'espèces extrêmement variées; leurs formes plus ou moins ramifiées (*fig.* 102) les faisaient autrefois considérer comme des plantes, et auparavant on les avait pris pour des pierres. La faculté qu'ils possèdent de fixer le calcaire dissous dans l'eau, et leur accumulation sur une grande étendue leur permettent de constituer d'immenses récifs qui arrivent à sortir des eaux pour donner naissance à des terres nouvelles. Ils ne peuvent vivre qu'à quatre conditions, qui sont : 1° une température supérieure à 20° à la surface; 2° une pro-

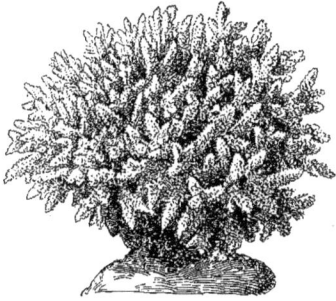

Fig. 102. — Un *polypier* madrépore, isolé.

111. Récifs coralliens. — On distingue les récifs coralliens et les îles coralliennes. Les *récifs coralliens* bordent immédiatement les côtes, ou bien se trouvent à une distance qui peut atteindre 100 kilomètres; dans le premier cas, c'est un *récif-frangeant*, dans le second cas un *récif-barrière*. Ces deux genres

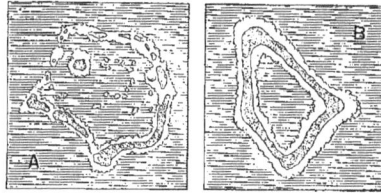

Fig. 104. — Iles *coralliennes* ou *atolls*.
A, *Atoll* incomplet; B, *Atoll* complet.

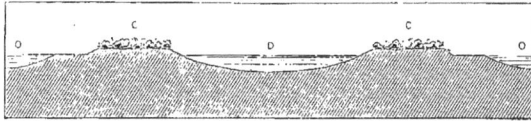

Fig. 105. — Coupe d'un atoll.
CC, Anneau émergé avec végétation; D, Lagon; OO, Océan.

fondeur de moins de 40 mètres; 3° une très grande pureté de l'eau, et 4° une agitation suffisante des flots leur assurant, avec le renouvellement continuel de l'eau, la nourriture qui leur est nécessaire.

❁ *Les coraux appartiennent à la classe des Anthozoaires et sont groupés sur de grandes étendues. Ils peuvent fixer le calcaire dissous dans la mer et construire d'immenses récifs.*

Fig. 103 — Un *banc de coraux* à marée basse.

de récifs peuvent exister l'un et l'autre au voisinage d'une même côte; celui qui est en mer protège alors des grandes vagues du large celui qui est plus voisin du rivage. Les *îles coralliennes* présentent la forme d'un anneau irrégulier renfermant un lac intérieur appelé *lagon;* l'anneau est plus ou moins complet; une île ainsi constituée est un *atoll (fig.* 104 et 105). On a souvent cherché à expliquer la forme des atolls; actuellement il paraît raisonnable de croire que les colonies animales se sont fixées sur des hauts fonds plus ou moins coniques et en voie de soulèvement. Le lagon serait dû au calme de ses eaux, calme qui arrête la croissance des coraux.

Dès qu'un récif ou banc de corail a dépassé le niveau de la basse mer, il ne progresse plus en hauteur, il ne croît plus que dans ses dépressions et dans ses trous, qu'il comble ainsi peu à peu ; puis le récif meurt. La végétation arrivera à s'y fixer plus tard et la cimentation générale sera apportée par le calcaire que dissoudront les eaux d'infiltration. Les formations coralliennes sont surtout développées dans la Micronésie, car presque toutes les îles de cette partie de l'Océanie sont des atolls ; il en existe aussi en Polynésie. A marée basse les bancs de coraux offrent un aspect d'une grande beauté (*fig.* 103) ; toutes ces fleurs de pierre présentent le parterre le plus original.

✽ *Les récifs-frangeants bordent les côtes ; les récifs-barrières se trouvent loin des rivages et servent de brise-lames aux premiers. Les îles coralliennes ou* atolls *sont des anneaux émergés entourant l'eau restée à l'intérieur ou* lagon.

112. Action des végétaux. — Il est indispensable ici de citer quelques exemples démontrant l'influence des végétaux là où elle n'apparaît pas au premier abord. A propos des polypiers dont il vient d'être parlé, signalons quelques algues, notamment les *millipores*, qui s'incrustent sur les coraux dès qu'ils sont morts, augmentant ainsi leur résistance contre l'effort des vagues, d'autant plus que la prospérité de ces végétaux exige l'agitation continuelle des flots. Les *corallines* (*fig.* 106) sont des algues calcaires qui apportent leur concours à divers dépôts.

Dans le fond des baies, l'abondance des goémons arrive quelquefois à former une sorte de *tourbe marine*, comme dans la presqu'île de Sarzeau (Morbihan). Dans les profondeurs de la mer, on trouve souvent la *boue à diatomées*, composée de débris d'algues microscopiques, gélatineuses et siliceuses ; cette boue se manifeste dans les eaux froides, sur les fonds de 3 000 mètres. L'accumulation des végétaux terrestres dans les deltas (85) offre un grand intérêt ; elle résulte en partie de la dévastation des rives des

Fig. 106.
Une *coralline*.

cours d'eau par les inondations ; c'est à un mécanisme de ce genre que l'on attribue maintenant la formation de la *houille* ou *charbon de terre*. Les bois flottés sont parfois très abondants ; ils forment des amas étendus ou *montagnes de bois* sur les rivages de la Nouvelle-Zemble et de la Terre François-Joseph ; ailleurs, ils encombrent des rivières, formant des *embâcles de bois* : tel est le *Grand Radeau* de la Rivière-Rouge, affluent du Mississipi. Dans les régions tropicales, les *palétuviers* retiennent et fixent par leurs racines la vase des cours d'eau.

✽ *Les algues telles que* nullipores, *corallines et diatomées collaborent à certains dépôts. Les végétaux terrestres entraînés dans les deltas des fleuves se transforment en* houille. *Les bois flottés peuvent former des* embâcles *dans le cours des rivières.*

113. Terre végétale. — Partout où la végétation recouvre le sol, elle protège le terrain contre la démolition qu'entraînerait le ruissellement ; nous avons montré de quelle importance est cette protection en parlant du déboisement des montagnes (**22**). Les végétaux trouvent leur nourriture dans la *terre végétale*, laquelle résulte de l'altération lente de la roche qui constitue le sous-sol ; elle se compose des débris de cette roche, d'*humus* ou produit de décomposition des plantes mortes, et d'une certaine quantité de poussières très variées apportées par le vent. Certains talus de tranchées ou de chemins creux montrent bien de quelle manière la roche cède à l'humidité et à l'action des racines pour se transformer en terre végétale (*fig.* 107) ; on y observe en bas la roche intacte, puis en remontant on remarque la roche d'abord craquelée, puis en éléments séparés, en pierrailles disséminées dans une substance déjà terreuse, et enfin disparaissant complètement dans la partie superficielle qui supporte les végétaux.

✽ *La terre végétale représente l'altération du sous-sol ; elle se compose en outre des débris de décomposition des plantes mortes ou* humus.

114. Influence du sol. — A côté de l'influence géologique des végétaux, il faut signaler l'influence du sol sur leur croissance. En effet, la composition de la terre végétale varie avec la nature du sous-sol ; elle sera par exemple calcaire sur un terrain de craie et siliceuse sur le grès ou le granit. Or, les

Fig. 107. — Formation de la *terre végétale*, aux dépens du terrain qu'elle recouvre.

plantes ne trouvent pas seulement leur nourriture dans l'humus ; elles demandent aussi des principes minéraux qu'elles savent assimiler avec une grande facilité ; c'est ainsi que le Buis, le Hêtre, la Digitale jaune, la Fougère cétérach sont *calcicoles*, parce qu'ils affectionnent les *sols calcaires ;* et que le Genêt, la Bruyère, la Digitale pourpre, l'Ajonc, la Fougère aigle, le Châtaignier, le Bouleau blanc sont *silicicoles*, parce qu'ils recherchent les *terrains siliceux* (*fig.* 108).

✿ *Les végétaux exigent pour leur nourriture certains principes minéraux : les uns du calcaire, comme le Buis et le Hêtre ; d'autres de la silice, comme le Genêt et le Châtaignier.*

115. Formation de la tourbe. — La *tourbe* représente la carbonisation de végétaux à l'abri de l'air. Ce sont généralement des mousses, des sphaignes (*sphagnum*) dont la prospérité exige : 1° un climat humide ; 2° une température moyenne de 8 degrés ne permettant qu'une faible évaporation, et 3° une eau non calcarifère très limpide. La présence d'une eau abondante n'est pas indispensable, car le pouvoir absorbant des sphaignes est consi-

Fig. 108. — Petite *végétation silicicole* prospérant sur le granit : *Fougère aigle, Digitale pourpre,* etc.

dérable ; ces végétaux sont tellement spongieux qu'il existe des tourbières sur des pentes où toute eau libre ne pourrait pas séjourner. Dans ce cas, les mousses s'alimentent à de petites sources ou suintements du sol dont elles retiennent l'eau. Les sphaignes se développent par la partie supérieure et meurent par la base ; cette base va s'épaississant lentement, se carbonisant à mesure, grâce à la présence de l'eau qui l'isole complètement de l'air. Les progrès de cette carbonisation sont visibles lorsqu'on fait une entaille dans une tourbière : on trouve sous la mousse vivante la mousse *morte*, puis la tourbe encore *mousseuse ;* vient ensuite la tourbe *feuilletée*, puis la tourbe *compacte*, qui contient 65 pour 100 de car-

bone. Il est bien entendu que ces différentes
variétés passent insensiblement de l'une à
l'autre. L'accroissement de la tourbe paraît
osciller entre 0m,60 et 3 mètres par siècle.
En dehors des sphaignes, on peut citer une
autre mousse, un *hypnum* qui forme avec des
carex les importantes tourbières de la vallée
de la Somme, et ne craint pas l'eau calcarifère.

✿ *La* tourbe *résulte de la carbonisation des
mousses (sphaignes), que la présence de l'eau
met à l'abri de l'air. La tourbe se développe
par en haut et meurt par la base; elle devient
alors feuilletée, puis compacte.*

116. Principales tourbières. — Les plus
grandes *tourbières* se trouvent dans le nord de
l'Europe; citons : les *bogs* d'Irlande, dont l'é-
paisseur peut atteindre 13 mètres; les *torfmoo-
ren* d'Allemagne, notamment ceux de Bour-
tange; les *veenen* de Hollande, Russie, etc.
Dans les plus grandes tourbières d'Allemagne
et de Russie, le centre est parfois le siège d'un
gonflement qui peut s'élever de 15 mètres au-
dessus du niveau des bords; ce gonflement, provoqué par la plus grande vigueur des sphaignes
du milieu, représente alors une masse considérable d'eau d'absorption qui s'élève et se main-
tient dans les airs. En France, les tourbières de
la vallée de la Somme sont fort intéressantes;
l'eau leur est fournie par une nappe aquifère
contenue dans la craie blanche et dont le niveau correspond au fond de la vallée. Il existe
d'autres tourbières, en Champagne, dans les
montagnes du Jura, etc. Celles de la *Grande-
Brière*, au nord de Saint-Nazaire, ont une
étendue de 200 kilomètres carrés (*fig.* 109);
les villages y ont des noms d'îles parce qu'ils
sont construits sur des pointements granitiques.
Du nord au sud, une longue route, mince ruban solide sur l'immense plaine mouvante,
traverse ces tourbières. L'extraction (*fig.* 110)
se pratique à l'aide d'une sorte de bêche, et l'on
entasse la tourbe en mottes ou *chandeliers*.

✿ *Les plus grandes* tourbières *sont en
Irlande, Allemagne, Hollande et Russie.
Celles de France sont en Champagne, Jura,
Loire-Inférieure (Grande-Brière), etc. L'ex-
traction se fait avec une sorte de bêche.*

Fig. 109. — *Tourbières* de la Grande-Brière.

Fig. 110. — Extraction de la *tourbe*, dans la vallée
de la Somme.

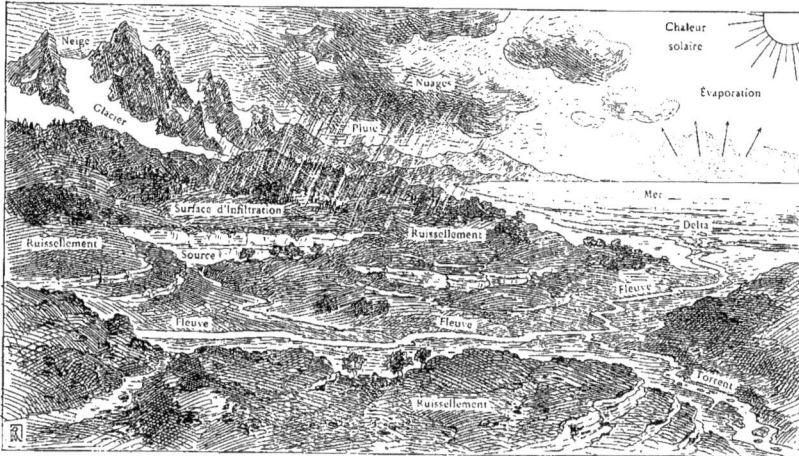

Fig. 111. — Croquis montrant que *deux causes* principales assurent la *circulation* continue de l'eau : la *chaleur solaire*, qui l'élève dans l'atmosphère pour former les *nuages*, et la *pesanteur*, qui la fait retomber sous forme de *pluie* ou de *neige* et en assure le retour au grand réservoir océanique.

TABLEAU RÉSUMÉ DE L'ACTION GÉOLOGIQUE DES AGENTS EXTÉRIEURS

	ÉROSIONS ET CORROSIONS	DÉPÔTS DIVERS
L'ATMOSPHÈRE	Sable déplacé par le vent : Rochers en tables et en champignons, rongement ou polissage des roches.	Vents : Dunes maritimes et continentales, lœss et limons éoliens.
L'EAU SAUVAGE . . .	Pluie : Ravinements et pyramides d'érosion. Ruissellement : Calcaires ruiniformes et chaos. Torrents temporaires : Affouillements, déboisement des montagnes.	Torrents temporaires : Cônes de déjection, lave froide.
L'EAU SOUTERRAINE.	Infiltration et dissolution : Gouffres et abîmes grottes et cavernes, enfouissement des eaux en pays calcaires.	Dissolution : Stalactites et stalagmites.
L'EAU SOLIDE. . . .	Gel : Démolition des sommets. Glaciers : Creusement des vallées glaciaires, roches moutonnées et striées, captures de glaciers.	Gel : Cônes d'éboulis, comblement des lacs. Glaciers : Moraines, boues et cailloutis glaciaires, blocs erratiques. Dépôts des glaces flottantes polaires.
LES COURS D'EAU. .	Creusement des gorges, cañons et vallées, méandres, fausses-rivières, recul des chutes, pertes de rivières, captures de rivières.	Alluvions, îles alluvionnaires, terrasses, comblement des estuaires, deltas. Dépôts des glaces flottantes hivernales.
LA MER	Marées et plateformes littorales, falaises, aiguilles, îlots, arches, grottes marines.	Plages de sable, galets, cordons littoraux, dépôts terrigènes et de grandes profondeurs.
LES ORGANISMES . .	Action perforante des lithophages.	Animaux : Guano. Récifs coralliens et atolls. Action des nullipores et des corallines. Boues organiques de grandes profondeurs. Végétaux : Tourbe.

VIII. LES VOLCANS

117. Système solaire. — Les phénomènes qui viennent d'être étudiés sont essentiellement *superficiels* et sont généralement en relation avec l'atmosphère. Ceux qui vont être énumérés donnent lieu à des manifestations extérieures, mais ils ont leur origine dans les extrêmes profondeurs de la Terre. C'est là un des chapitres les plus passionnants de la géologie ; malheureusement, nous y avons encore beaucoup à apprendre. En attendant, et pour mieux comprendre ce qui va être décrit, il est indispensable de dire quelques mots d'astronomie, quelques mots sur l'origine de notre planète.

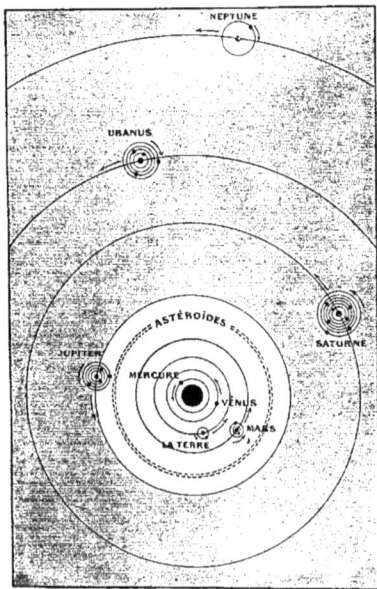

Fig. 112. — Le *système solaire*.

La Terre appartient à une famille d'astres que l'on appelle le *système solaire* parce que le soleil en occupe le centre (*fig.* 112). C'est autour de cet astre incandescent que se meuvent, en orbites concentriques, les astres obscurs ou *planètes*, qui sont : Mercure, Vénus, Terre, Mars, Jupiter, Saturne, Uranus et Neptune. La plupart de ces planètes constituent à leur tour un petit système analogue, car la Terre a un satellite qui est la Lune, Mars en a 2, Jupiter 4, Saturne 7, Uranus 4, et Neptune 1. Tous ces corps tournent autour du Soleil avec une parfaite régularité. Mais ceci est l'*état présent*. Or, les connaissances que nous possédons maintenant permettent d'indiquer les différentes phases par lesquelles a passé le système solaire, car elles sont venues confirmer la belle théorie établie par le grand savant français Laplace.

✿ *La Terre appartient au système solaire et comme les autres planètes tourne autour du Soleil. Des planètes plus petites dites satellites tournent autour de la plupart des grandes planètes ; c'est ainsi que la Lune tourne autour de la Terre.*

118. États stellaire et planétaire. — Le point de départ d'un système planétaire est la *nébuleuse*, formée de matière cosmique primitivement gazeuse, obscure et très dispersée, mais qui est douée d'un mouvement de rotation et qui, se condensant progressivement, s'échauffe et devient peu à peu lumineuse, jusqu'à un état maximum de température, d'éclat et d'activité qui est l'état d'étoile ou *état stellaire*. La durée de l'*état stellaire* varie avec le volume de l'astre ; c'est ainsi que l'existence du Soleil sera beaucoup plus longue que ne le sera celle de la terre, et que celle de la lune a été infiniment plus courte. Les plus belles étoiles du ciel sont Sirius et Vega dont l'éclat est incomparable. Le soleil est une étoile dont l'âge est avancé : le phénomène des taches en est un signe.

L'extinction, le refroidissement progressif des étoiles, les conduit à l'état de planète ou *état planétaire*, caractérisé par une croûte sombre enfermant le centre toujours lumi-

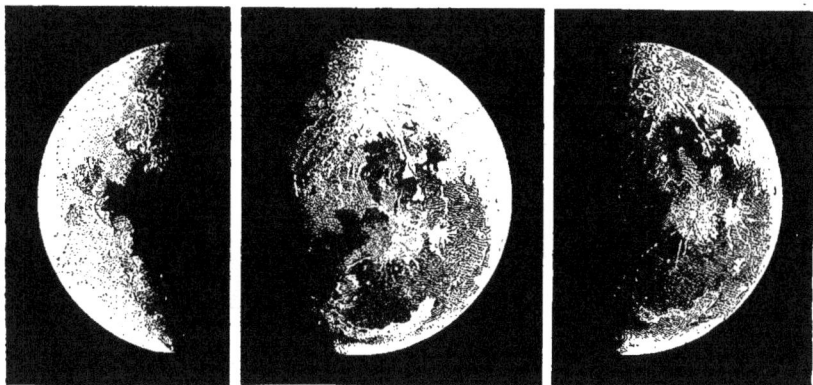

Fig. 113. — Aspects de la *Lune* en ses différentes phases.

neux, et entourée par les matières les moins denses qui constituent l'atmosphère. Jupiter paraît représenter le début de l'état planétaire. Vénus, moins âgée que la Terre, offre des océans proportionnellement plus vastes ; Mars, dont l'évolution est plus avancée que celle de notre globe, présente des mers beaucoup plus réduites. L'absorption des eaux et aussi de l'atmosphère amène l'*état lunaire*, c'est-à-dire l'état actuel de la Lune, qui est une planète morte (*fig.* 113). Sa surface est hachée d'immenses cassures qui paraissent la fendre de part en part et préparer la dispersion de sa substance.

❀ *Un système planétaire résulte d'abord de la condensation, de la rotation et de l'échauffement d'une nébuleuse ; le maximum de température et d'éclat caractérise l'état d'étoile. L'extinction de l'étoile par la formation d'une croûte sombre la transforme en planète, dont le refroidissement et la dessiccation progressifs amènent l'état lunaire.*

119. Météorites. — En effet, il paraît certain maintenant que la *rupture spontanée* des planètes mortes caractérise la dernière phase de leur évolution. Les pierres tombées du ciel ou *météorites* doivent être considérées comme des fragments jetés dans l'espace par la dissociation des différentes parties d'un ou de plusieurs astres caducs. Les météorites sont toutes des roches éruptives dont plusieurs sont analogues à des roches terrestres ; elles proviennent vraisemblablement d'une planète assez petite et dont l'existence a été trop courte pour devenir le siège de dépôts sédimentaires. Il faut souhaiter qu'une pierre tombée de l'espace nous apporte une trace organique animale ou végétale ; l'étude en serait singulièrement passionnante.

❀ *La rupture spontanée paraît être la dernière phase de l'évolution des planètes. Les pierres tombées du ciel ou météorites sont des fragments de planètes brisées.*

120. Température du sol. — Maintenant que nous connaissons l'origine du feu central, il s'agit de retrouver les preuves de son existence dans l'écorce de la terre. Les éruptions volcaniques indiquent qu'il existe toujours dans les profondeurs du sol un ou plusieurs points restés à l'*état de fusion* depuis le début de l'état planétaire. On en trouve encore une preuve dans la température du sol ; c'est ainsi qu'à Paris, et à 10 mètres de profondeur, la température du sol est constamment à + 10°,8, en hiver comme en été. Au-dessous de ce niveau la chaleur augmente à mesure que l'on descend. Les géologues ont longtemps cherché à établir le *degré géothermique* ou profondeur verticale qu'il est nécessaire de franchir pour voir augmenter de 1 degré la température du sol ; mais il s'agit là d'un résultat difficile à atteindre, car l'augmentation de la chaleur varie avec la nature des terrains. On a cependant fixé provisoirement le *degré géothermique moyen* à 31 mètres. Ce chiffre permet d'attribuer à l'écorce terrestre une épaisseur moyenne d'une soixantaine de kilomètres. A cette profondeur toutes les roches *devraient* être à l'état de fusion ; mais la densité moyenne de la Terre, densité légèrement supérieure à 5, laisse un doute sur la fusion totale de l'intérieur du globe. Étant données les densités de 1 pour les eaux superficielles, et de 2,5 pour la moyenne des roches qui constituent l'écorce, il faut admettre pour les parties voisines du centre une densité au moins égale à celle du fer (7,7). On explique cette densité élevée, soit par les énormes pressions existant en ces régions profondes, soit, tout simplement, par leur état solide.

✿ *L'existence du feu central est indiquée par les éruptions volcaniques et par l'augmentation de la température du sol avec la profondeur. Cette température augmente de 1 degré en moyenne par 31 mètres de profondeur verticale. D'après ce chiffre, toutes les roches seraient en fusion à 60 kilomètres de la surface du globe.*

121. Cônes volcaniques. — Un *volcan* est un appareil mettant le feu souterrain en relation avec la surface du sol par l'intermédiaire des grandes cassures de l'écorce terrestre. Cet appareil se présente généralement comme une montagne ; cette forme conique est due à l'accumulation des matériaux rejetés

pendant les éruptions. Les *cônes* sont ainsi formés de *laves* ou bien de *débris* meubles. Les *cônes de laves* (*fig.* 114, A) ont une base très large et une pente douce parce qu'ils résultent de l'écoulement de la matière minérale en fusion ou laves ; c'est le cas de l'Etna (*fig.* 117).

Les *cônes de débris* (*fig.* 114, B) sont

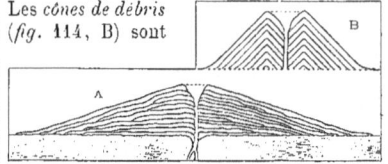

Fig. 114. — Structure des cônes volcaniques.
A Cône de laves. — B Cône de débris.

constitués par des cendres, des scories et des lapillis ou graviers volcaniques, projetés au commencement de chaque éruption ; leur pente est beaucoup plus raide parce qu'elle est voisine de celle des *talus de chute* ou pente naturelle des matériaux meubles (*fig.* 113). Le cratère des cônes de laves est d'ailleurs marqué la plupart du temps par un cône de débris (*fig.* 125). Les cônes volcaniques sont parfois très élevés : celui du volcan Cotopaxi (Équateur) a 2 000 mètres d'élévation, son altitude étant

Phot. Sommer.
Fig. 113. — *Cône de débris* du Vésuve, en 1880.

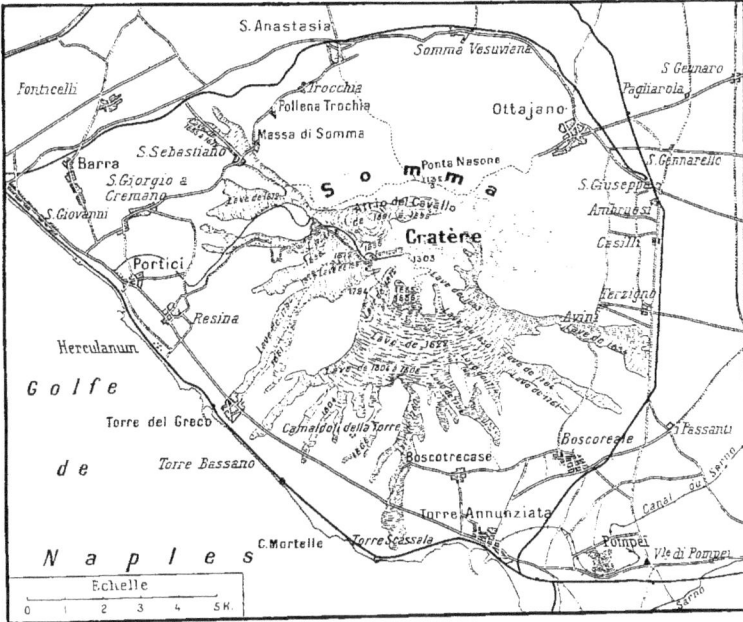

S. Anastasia
Somma Vesuvienne
Fonticelli   S. Gennaro
                    Trocchia   Pagliarola
                 Follena Trochia   Ottajano
                 Massa di Somma
        S. Sebastiano   Ponta Nasone   S. Gennarello
Barra   S. Giuseppe
    S. Giorgio a
    Cremano   Atrio del Cavallo   Ambrg osi
        S. Giovanni   Cesill
                                        Cratère
Portici   1303   Terzigno

            Resina   Avini

Herculanum
                                                                          lave de 1822
G o l f e
                                                                          lave de 1831
        Torre del Greco
                    Camaldoli della Torre   Passanti
    d e   Boscotrecase   Boscoreale
        Torre Bassano
                                                              Canal du Sarno
                              Torre Annunziata
N a p l e s   C. Mortelle   Torre Scassela   Pompei
                                                              Vie di Pompei

Echelle
0   1   2   3   4   5K.

A - Massif et coulées historiques du VÉSUVE

                    M. S. Severino   Piano   Chiajano   Pischiola
                                        di Quarto   Mianetta
                L. di Licola   Poggio Reale
Golfe   M.t Corvara   Fossa   Pianura   NAPLES   Fonticelli
                                        Lapara   Camaldules
            Cumes   Campiglione   Soccavo   Barra
    d e   M.t Gauro Cigliano Jardins Astroni   S. Giorgio a
        L. Averno   (Parc Royal) I. de   S. Giovanni   Cremano
                L. Lucrio   Astroni   Aynano   Ch.en de l'Oeuf   Portici
            Isle   Selfatare   Grotte   Resina
            Fusaro   du Chien   Golfe   Herculanum
Gaëte   Pouzzoles   Baja
    T.e Gaveta   Baguoli   Portici
            M. Sabatichi G. de Pouzzoles   de   N a p l e s
p.ta di Fuma   M.t Procida I. de Nisida
                Mer morte (Cratère)   C. du Pausilippe
Canal de Procida   Musene
        I. Procida   C. de Misène   Echelle
                                                              0   1   2   3   4   5v

B - CRATÈRES des Champs Phlégréens ou Champs brulants

Fig. 116. — Les bords du *cratère* de l'Etna (Sicile).

de 3960 mètres. Certains volcans présentent sur leurs flancs, et en dehors du cône principal, des petits cônes secondaires ou *cônes adventifs*; il en existe un très grand nombre sur les pentes de l'Etna. L'altitude des cônes de débris varie avec la fréquence des éruptions et l'intensité des pluies, les premières édifiant toujours et les secondes détruisant peu à peu.

❋ *Les cônes volcaniques sont formés de laves qui se sont écoulées et solidifiées les unes sur les autres, ou bien de débris, c'est-à-dire de scories et de cendres. Sur les flancs des volcans s'ouvrent souvent des petits cônes secondaires ou* adventifs.

122. Cratères, cheminées. — Une ouverture plus ou moins évasée ou *cratère* (*fig.* 116) s'ouvre au sommet du cône et surmonte immédiatement la *cheminée*. Il y a donc à peu près autant de cratères que de cônes sur la masse d'un volcan; c'est ainsi que l'on compte 30 *cratères adventifs* sur le Vésuve et 700 sur l'Etna (*fig.* 117). Les dimensions de certains cratères sont considérables: celui du Pichincha (Équateur) a 1000 mètres

de diamètre, celui de Vulcano (îles Lipari) 550 mètres. Autrefois celui du Vésuve, dont la *Somma* représente les ruines, mesurait 4000 mètres de diamètre: il est maintenant comblé de laves et un cône plus réduit s'est édifié depuis au centre de l'ancien cratère (Pl. VI. A). Certains cratères des îles de la Sonde dépassent 6000 mètres de diamètre. On dit qu'un cratère est *égueulé* lorsqu'une partie du cône s'est écroulée sous le poids des laves qu'il contenait. La *cheminée*, qui peut être simple ou ramifiée, résulte des ruptures de l'écorce terrestre.

❋ *Le* cratère *s'évase au centre du cône: l'écroulement d'un côté du cône sous le poids des laves donne naissance à un* cratère égueulé. *La* cheminée, *qui est une fracture de l'écorce terrestre, s'ouvre au fond du cratère.*

123. Éruptions. — Les *éruptions* volcaniques varient avec les volcans: cependant elles s'annoncent généralement par une grande émission de vapeurs, par des grondements souterrains et par le tarissement des sources. Des manifestations explosives dues aux gaz intérieurs se produisent bientôt ; c'est à la force de ces gaz qu'est due la rupture du bouchon de lave refroidie qui ferme souvent la cheminée durant les périodes de repos. La phase des explosions se manifeste subitement par la *colonne de fumée* caractéristique (*fig.* 118) ; cette colonne est verticale et se termine à une très grande hauteur par un panache gigantesque en forme de parasol ; le panache peut s'élever à une hauteur de plusieurs milliers de mètres. Dans le jour, la colonne paraît épaisse et compacte ; mais durant la nuit elle est éclairée par les laves incandescentes du cratère et l'on y peut contempler des effets de lumière intermittente d'une grande beauté. Cette colonne de fumée est poussée dans l'espace avec une telle force qu'elle reste verticale par tous les vents ; le panache seul en subit l'influence parce que à cette hauteur la force de projection

est épuisée. Le bruit des explosions s'entend de fort loin ; il est transmis par le vent à des distances qui peuvent atteindre 800 kilomètres. La phase des manifestations explosives cesse ordinairement avec l'arrivée des *laves*, qui s'écoulent plus ou moins abondantes et aussi plus ou moins vite, ce qui dépend de la pente et de leur fluidité.

✿ *Les éruptions volcaniques commencent par une épaisse colonne de fumée qui, poussée par de violentes explosions, s'élève à plusieurs milliers de mètres et se termine par un panache en forme de parasol.*

124. Explosions. — A la suite d'*éruptions* particulièrement violentes, il est des volcans dont le cône a été remplacé par un vaste gouffre de plusieurs kilomètres de diamètre. On se souvient encore de l'explosion du volcan Krakatoa (Archipel de la Sonde), qui s'est produite en 1883 ; elle provoqua par la secousse du sol une terrible vague en mer ou *ras de marée* qui dévasta les îles de Java et de Sumatra : 40 000 personnes périrent. Après cette catastrophe, un fond sous-marin de 200 à 300 mètres et une faible partie du cône avaient remplacé l'île. Sur les flancs de l'Etna, le gigantesque *Val del Bove* (**135**) résulte aussi d'une explosion de ce genre (*fig.* 117). Nous parlerons bientôt des explosions de la Montagne-Pelée qui anéantirent en 1902 la ville de Saint-Pierre, capitale de la Martinique (**140** et *fig.* 133 et 134).

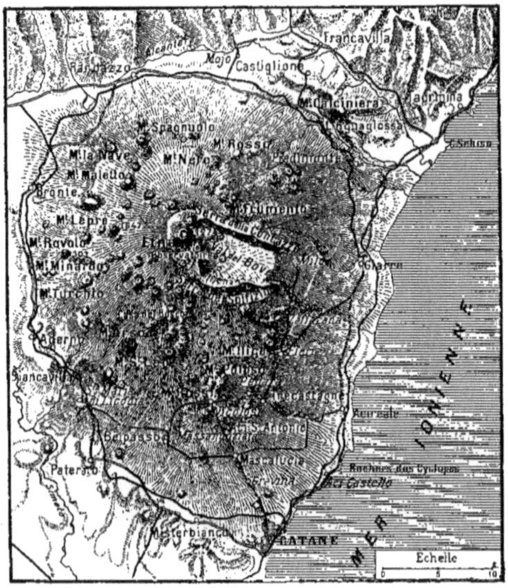

✿ *En 1883, une explosion volcanique fit sauter une grande partie de l'île Krakatoa, après deux siècles de repos ; il y eut 40 000 victimes. Sur l'Etna, le Val del Bove est aussi le résultat d'une explosion.*

Fig. 117. — Massif de l'Etna avec le *cône central*, le *Val del Bove*, et les *cratères adventifs*.

125. Émission des laves. — Les *laves* rejetées par les volcans représentent de la *roche en fusion*

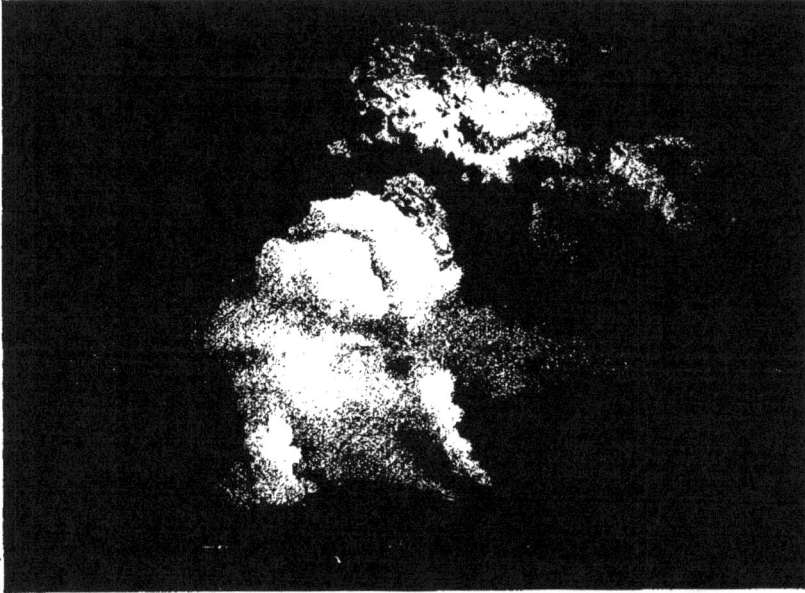

Phot. Sommer.

Fig. 118. — La *Colonne de fumée* du Vésuve au début de l'éruption de 1872.

et forment de gigantesques courants ou *coulées* qui recouvrent de grandes surfaces du sol (*fig.* 119). La sortie des laves se produit généralement par les fissures qui s'ouvrent soit à la base du cône de débris, soit sur les flancs du volcan. C'est ainsi que les émissions de laves de l'Etna se produisent en dehors du cône principal, par des *cônes adventifs*. En 1669, une fente longue de 20 kilomètres et large de 2 mètres s'est ouverte sur les flancs de cette montagne; il en est résulté une ligne de moindre résistance le long de laquelle se sont ouverts des *cratères adventifs* (*fig.* 117). En Islande, on a compté plus de cent cratères sur une même fente. Les laves qui s'épanchent se précipitent vers les pentes comme les liquides, puis se solidifient assez rapidement au contact de l'air; leur surface se couvre de scories flottantes qui se bousculent comme les glaçons d'une débâcle; c'est à ce mécanisme qu'est due la structure tourmentée de certaines coulées de laves et c'est à ces courants désordonnés que l'on donne en Sicile le nom de *sciarre* et en Auvergne celui de *cheire* (Pl. VII). Lorsque les laves se répandent sur un espace fermé, elles présentent dans leur forme après refroidissement une accumulation de boyaux, de viscères énormes que l'on désigne sous le nom de *laves cordées*.

❧ *Les* laves *sont de la roche en* fusion; *elles s'échappent ordinairement par des cratères secondaires ou* adventifs, *souvent alignés sur une même* fracture *du sol. Les laves s'écoulent vers les pentes et se solidifient rapidement.*

126. Structure des laves. — Dans la partie superficielle des coulées, la *lave* est plus ou moins remplie de cellules sphériques vides; les plus grosses sont plus rapprochées de la surface; au-dessous elles sont de plus en plus petites, puis disparaissent pour laisser la roche tout à fait compacte. Ces cellules sont dues à des gaz qui se sont dégagés en bulles dans la lave liquide et se sont trouvés arrêtés dans leur ascension par la solidification de la lave. On s'explique ainsi que les plus grosses bulles sont arrivées les premières près de la surface. Très souvent ces petites cavités sont étirées : elles indiquent alors la direction du courant pâteux qui les contenait.

La *vitesse* de progression des laves varie avec leur fluidité et la pente du sol. Les laves de l'Etna ont avancé quelquefois de 1 kilomètre en deux ou trois jours, vitesse qui est considérée comme relativement rapide. Leur température peut osciller entre + 1 000° et + 2 000°. On rencontre parfois sur les bords des coulées des parties vitreuses connues sous le nom d'*obsidienne* ou *verre volcanique*. Certaines coulées ont des dimensions considérables : celle de 1855 du Mauna-Loa (Hawaï, îles Sandwich) mesure plus de 50 kilomètres de longueur sur une largeur de 200 mètres et une épaisseur qui peut atteindre 100 mètres; du même volcan la coulée de 1859 mesure 53 kilomètres et celle de 1880, 50 kilomètres.

✿ *La partie superficielle des* laves *est remplie de bulles dues aux gaz qui se dégageaient au moment de leur écoulement. La* vitesse *des laves est faible;* leur température *peut atteindre + 2 000° et la* longueur d'une coulée plus de 50 kilomètres.

127. Scories, bombes. — Les *scories* proviennent de la surface de la lave liquide du cratère; c'est, en quelque sorte, l'écume de cette lave qui, soulevée, projetée par l'action du gaz, retombe en fragments qui se durcissent au contact de l'air pendant leur chute; leur structure est déchiquetée et caverneuse; il en est qui ont l'air d'avoir éparpillé leur matière avant le refroidissement. La violence d'explosion communique souvent aux scories projetées un mouvement giratoire plus ou moins rapide produisant une *torsion* de la matière encore pâteuse, avec une forme rappelant celle du citron; ces éléments hélicoïdes sont connus sous le

Phot. Brogi.
Fig. 119. — Une *coulée de laves* sur les flancs de l'Etna.

nom de *bombes volcaniques*. Cependant certaines bombes n'offrent pas de torsion, elles sont *craquelées* (*fig.* 120, A); c'est le cas de celles qui sont formées de laves à refroidissement presque instantané; les bombes à

Fig. 120. — Bombes volcaniques.
A. *Bombe craquelée* de la Montagne-Pelée. — B. *Bombe à torsion* des puys d'Auvergne.

torsion (*fig.* 120, B) accusent un refroidissement moins rapide. La *pierre ponce* est une sorte de scorie très fine et très légère.

❀ *Les scories sont déchiquetées et caverneuses; elles représentent l'écume de la lave liquide contenue dans le cratère. Les bombes sont des scories qui ont subi une torsion en tourbillonnant dans l'air; la pierre ponce est une scorie très fine.*

128. Cendres. — Les *cendres* volcaniques sont composées de fragments vitreux extrêmement ténus et de petits cristaux, complets ou brisés, de différents minéraux; elles résultent de la pulvérisation de la lave en ignition avec refroidissement rapide. Ces cendres sont facilement transportables par le vent (7), car elles peuvent rester fort longtemps en suspension dans l'air et être entraînées à 2000 kilomètres du volcan qui les a produites. Celles qui furent projetées en 1883 par l'explosion du Krakatoa paraissent être restées plusieurs mois dans les hauteurs de l'atmosphère.

❀ *Les cendres sont formées de lave pulvérisée par les explosions, puis cristallisée au* moment du refroidissement; *elles peuvent être transportées fort loin par le* vent.

129. Fumerolles. — Les *fumerolles* sont des émissions de gaz qui se produisent soit à la sortie du cratère, soit à la surface des coulées de laves, soit à l'ouverture des fentes du sol (*fig.* 121): elles se manifestent durant les périodes d'activité d'un volcan et persistent parfois pendant un très grand nombre d'années après la fin des éruptions. Elles contiennent souvent différents gaz combustibles qui expliquent la production des flammes dans l'épaisse fumée des éruptions. La température des fumerolles est parfois très élevée, comme à Vulcano; elles déposent souvent du soufre cristallisé autour de leur point de sortie (136).

❀ *Les fumerolles sont gazeuses; elles accompagnent les éruptions et se maintiennent durant de longues années avec* température *élevée; il en est qui déposent du soufre.*

130. Roches éruptives. — De tout temps il y a eu des *éruptions volcaniques*. Il y en a eu dès que l'écorce terrestre s'est formée, et il y en aura encore durant d'incalculables siè-

Phot. Raithel.
Fig. 121. — Une *fumerolle* au Vésuve.

cles. Or, il est très facile de reconnaître les roches volcaniques qui ont été émises à travers les siècles depuis les temps géologiques les plus lointains. En effet, en étudiant les *roches sédimentaires* (**105**), nous avons remarqué qu'elles étaient *stratifiées*, que leur composition comprenait des *débris* d'origine *minérale* ou *organique*, enfin que la plupart d'entre elles contenaient des *fossiles* (**106**). Les roches *éruptives*, au contraire, ne sont pas stratifiées; elles se présentent en grandes masses venues à peu près *verticalement* des profondeurs et qui se sont épanchées en épaisses *coulées* (*fig.* 130), elles ne contiennent nulle trace organique et leur structure est généralement *cristallisée*. Malheureusement, si ces anciennes laves sont aisément reconnaissables, on ne retrouve jamais les volcans par lesquels elles sont venues au jour: leurs cratères, toujours formés de débris meubles, ont été rasés par les agents atmosphériques bien avant l'apparition de l'homme sur la Terre. Certaines laves anciennes se sont élevées à travers l'écorce terrestre sans atteindre la surface du sol; elles ont rempli de grandes fractures formant des *filons* et n'ont pu en sortir. Parfois elles se sont insinuées entre deux assises sédimentaires et, faute de communications avec l'extérieur, elles y ont épuisé leur effort.

✿ *Toutes les* roches éruptives *sont des* laves *volcaniques venues des profondeurs; elles sont généralement* cristallisées. *Il en est qui se sont élevées à travers l'écorce terrestre, mais sans pouvoir atteindre la surface du sol.*

131. Granit, granulite, pegmatite. — Les roches éruptives offrent un très grand nombre de types et de variétés qui se sont modifiés à travers les temps géologiques. C'est ainsi que les laves des volcans actuels sont différentes, dans leur composition et leur structure, des laves anciennes. Les plus anciennes sont des granits, des porphyres; beaucoup plus tard, nous trouvons des basaltes, des trachytes; actuellement, ce sont des andésites, etc.

Le *granit*, qui est couramment employé à Paris pour les bordures de trottoirs, est représenté dans les entrailles du sol par un grand nombre de variétés qui se différencient par la grosseur du grain et la couleur des éléments qui le constituent. Cette roche est uniformément composée de trois minéraux, qui sont: le *quartz* ou silice cristallisée, le *feldspath* et le *mica*, qui sont des silicates. Le quartz s'y trouve en petites masses grises et vitreuses; le feldspath s'y présente en cristaux blancs ou roses et le mica en paillettes brillantes noires ou argentées. Ces différents éléments qui sont enchevêtrés et serrés les uns contre les autres représentent la structure *granitoïde* (*fig.* 122, B); ils sont tellement serrés qu'il n'y subsiste pas le plus petit vide et que les granits qui ont été polis en vue de leur utilisation comme pierre d'ornement offrent une parfaite *compacité*. La *granulite* est un granit à grain généralement plus fin et qui contient à la fois du mica noir et du mica blanc; comme le granit, elle donne lieu à des paysages sévères et pittoresques (*fig.* 123). La *pegmatite* est un granit à très gros éléments.

✿ *Le* granit *est très répandu; il est composé de cristaux de quartz, feldspath et mica serrés les uns contre les autres; la* granulite *et la* pegmatite *en sont des variétés.*

132. Trachyte, porphyre, basalte. — Les *trachytes* sont communs dans le Massif Central de France; le Puy de Sancy (*fig.* 131) et le Mézenc sont formés de trachytes; la dé-

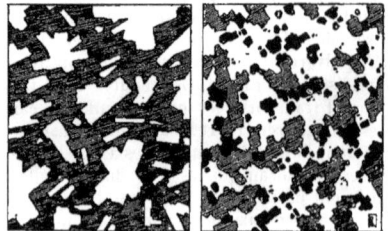

A Structure porphyroïde.   B. Structure granitoïde.
Fig. 122. — Types de roches cristallisées.

Fig. 123. — Paysage *granulitique* : les Calenques de Piana (Corse).

mite, qui compose la masse du Puy de Dôme (*fig.* 129), est une variété poreuse de trachyte. L'*andésite* est une lave rejetée par la plupart des volcans de l'Amérique centrale et australe ; les laves du Puy de la Nugère, exploitées à Volvic (Puy-de-Dôme), sont de l'andésite.

Parmi les roches les plus denses, on remarque la *diorite*, dont il existe en Corse une magnifique variété dite *orbiculaire*, la *diabase* et de nombreux types de porphyres. Les *porphyres* sont formés d'une pâte très compacte et de teinte sombre, dans laquelle sont noyés des cristaux de feldspath : c'est la structure dite *porphyroïde (fig.* 122, A) ; les variétés à gros cristaux sont recherchées pour la décoration.

Le *basalte* est une roche noire et compacte qui forme en certains pays de grandes colonnes prismatiques, comme aux environs du Puy-en-Velay, notamment dans la jolie vallée de la Borne ; les *colonnades basaltiques* se rencontrent toujours aux endroits où les laves

sont entrées en contact avec les eaux d'une rivière ou de la mer (*fig.* 124) ; leur forme est le résultat du refroidissement brusque qu'elles ont ainsi éprouvé.

❋ *Les* porphyres *sont des roches formées d'une pâte compacte semée de cristaux de feldspath. Le* basalte *est entièrement compact et se divise parfois en belles colonnades prismatiques.*

133. Volcans actifs. — Les volcans actuellement en activité sont assez nombreux à la surface du globe ; mais il est impossible de préciser leur nombre, parce que les éruptions sont souvent séparées entre elles par des périodes de calme extrêmement prolongées. C'est ainsi que des volcans que l'on considérait comme absolument éteints se sont brusquement réveillés, surprenant les populations dans leur parfaite quiétude. On ne peut donc pas dire qu'un volcan est éteint, on ne peut

Fig 124. — *Colonnades basaltiques* de la Chaussée des Géants, à Antrim (Irlande).

même pas l'assurer pour nos cratères du Massif Central (**137** à **139** et Pl. VII). On s'est donc contenté de relever les volcans qui ont manifesté au moins une fois leur activité depuis trois siècles et l'on est arrivé au chiffre de 323. D'autre part, on en a compté 400 qui n'ont eu aucune éruption historique. mais ce dernier chiffre est approximatif et probablement très au-dessous de la vérité.

✿ *Les volcans qui ont eu des éruptions au cours des trois derniers siècles sont au nombre de 323; mais on ne peut dire d'aucun autre volcan qu'il est éteint.*

134. Distribution géographique. — On a remarqué depuis longtemps que tous les volcans actifs se trouvent distribués sur les îles ou près de la mer, et ensuite que les plus nombreux entourent l'immensité de l'Océan Pacifique d'une chaîne continue (Pl. VIII). Au nord, ce sont les volcans du Kamtschatka, des îles Aléoutiennes et de l'Alaska; à l'est, ceux de l'interminable Cordillère des deux Amériques; à l'ouest, ceux des îles d'Asie : îles Kouriles, Japon, Mariannes, archipel Malais et Nouvelle-Guinée ; au sud, ceux des îles Salomon, de la Mélanésie, de la Polynésie et de la Nouvelle-Zélande. On compte 49 volcans actifs dans l'archipel Malais, dont 28 à Java. Le Japon compte 33 volcans : le plus élevé, le plus classique, est le Fousiyama, dont la cime neigeuse a été représentée par tous les artistes japonais (*fig.* 126). Il y a 16 volcans actifs aux îles Kouriles, 12 au Kamtschatka et 34 aux îles Aléoutiennes. En Amérique, les principaux et les plus nombreux se trouvent au Mexique, au Guatémala, en Colombie, en Équateur, etc. Au milieu de ce gigantesque anneau de feu, en plein Océan Pacifique, se trouvent les fameux volcans des îles Sandwich (Hawaï). L'Océan Atlantique est plus pauvre; cependant il faut y citer ceux d'Islande, des Antilles (Montagne-Pelée, **140**), des Açores, des Canaries (Ténériffe) et des îles du Cap-Vert. Signalons encore ceux de la Réunion, dans l'Océan Indien.

Fig. 125. — Cône de débris formant le sommet de l'*Etna*, Sicile (3 313 mètres).

❀ *Les* volcans *sont principalement groupés autour de l'Océan Pacifique (archipel Malais, Japon, îles Kouriles et Aléoutiennes). Dans l'Océan Atlantique, on remarque ceux d'Islande et des* Antilles.

135. Volcans d'Europe : Etna.

En Europe, et en dehors des volcans islandais signalés avec ceux de l'Océan Atlantique, on compte quatre volcans actifs : l'Etna, le Vésuve, le Stromboli et le Vulcano. L'*Etna* est le plus important (*fig.* 116, 119, 125); son altitude est de 3 313 mètres et la circonférence de sa base égale 140 kilomètres. Le sol, formé de cendres, convient aux cultures; la vigne y croît et y prospère. Plus haut, ce sont des châtaigniers; ces arbres ne se rencontrent pas au-dessus de 2 000 mètres. A l'est, les flancs de l'Etna montrent une effrayante blessure : c'est un arrachement gigantesque appelé *Val del Bove* (*fig.* 117), car il a l'aspect d'une immense vallée limitée sur ses bords par des murailles à pic très élevées; il est dû à une formidable explosion dans le genre de celle dont nous avons parlé à propos du Krakatoa (**124**); c'est un énorme morceau de la montagne qui a disparu à une époque reculée. Les éruptions

de l'Etna ont fait 20 000 victimes en 1669 et 60 000 en 1693; il y eut quatorze villages détruits lors de la première éruption, et les laves descendirent jusqu'à 40 kilomètres du cratère. Les éruptions furent assez nombreuses depuis; celle de 1892 fut particulièrement violente.

❀ *L'*Etna *est le plus grand volcan d'Europe; le Val del Bove est une vallée large et*

Fig. 126. — Paysage montrant le volcan *Fousiyama*. D'après un dessin du maître japonais Hokousaï.

profonde due à une explosion volcanique.
Les éruptions de 1669 et de 1693 furent ter-
ribles. La plus violente des éruptions mo-
dernes est celle de 1892.

136. Vésuve, Stromboli, Vulcano. — Le
Vésuve (*fig.* 113, 118, 121, et Pl. VI, A) offre
une première éruption historique en l'an 79
de notre ère; c'est à cette époque que les
villes d'Herculanum et de Pompéi furent
ensevelies sous les cendres et que leurs habi-
tants tombèrent asphyxiés par les gaz. En
1860, on entreprit des fouilles et peu à peu
Pompéi fut exhumé avec ses rues (*fig.* 127), ses
monuments, ses habitations et ses richesses.
La corruption et la disparition des cadavres
avaient laissé dans le dépôt volcanique des
vides dans lesquels on coula du plâtre; on
obtint ainsi le moulage exact des corps ense-
velis lors de cette antique éruption : hommes
(*fig.* 128), femmes, chien. Parmi les grandes
éruptions récentes, on peut citer celles de 1872
à 1893, puis celles de 1900 et 1906.

Le *Stromboli* est un volcan d'origine sous-
marine; il est sorti des eaux de la mer,
s'est élevé à la faveur de ses déjections et

Phot. Sommer.

Fig. 128. — Moulages de cadavres pompéiens

forme à lui seul une délicieuse petite île; il
est en perpétuelle activité; ses explosions,
accompagnées de vapeurs et de scories, sont
très fréquentes et se répètent à peu près de
quart d'heure en quart d'heure.

Le *Vulcano*, situé dans le voisinage du
Stromboli, est formé de plusieurs cratères,
dont un mesurant 330 mètres de diamètre.
Ses dernières éruptions datent de 1879,
1886, 1888, 1889 et 1890. Les fumerolles
de Vulcano déposent du soufre cristallisé en
jolies aiguilles (**129**).

✿ *C'est en l'an 79
que les cendres du Vé-
suve ensevelirent les
villes d'Herculanum et
de Pompéi. Le Strom-
boli s'est élevé du fond
de la mer; ses explo-
sions se répètent tous
les quarts d'heure. Le
Vulcano offre plusieurs
cratères et des fume-
rolles sulfureuses.*

**137. Auvergne :
Monts-Dômes.** — Il
existe en France un
massif volcanique fort
curieux et que l'on a
l'habitude de consi-
dérer comme éteint;
il est formé des cinq

Phot. Sommer.

Fig. 127. — Une des rues exhumées de Pompéi.

LES VOLCANS

Pulvérière

P. de Pauniat

Volvic

St Genes

Marsat

P. de Lespinasse

P. de Tressoux

Puy de la Nugère

St Ours

Puy de Louchadière

Cheire de Louchadière

Puy de Jumes

Chateaugay

Puy de la Coquille

Pontgibaud

Puy de Clermont

Chanat-la-Manteyre

Cebazat

Blanzat

Sayat

les Fontes Puy Chopine

Puy de Chaumont

Cheire de Côme

P. de Lautegy

Sarcoui

1147

Nohanent

Puy de fraise

P. des Goules

1149

C. des Goules du Berger

Durtol

Puy de Côme

Clierzou

1255

1210 Puy de Pariou

Ft

Mazayes

Balmet

Pt Suchet

Orcines

1089 Gd Suchet

Nid de la Poule

Chamalières

Pt Puy de Dôme

la Baraque-

CLERMONT-

Pt Sault

Puy de Dôme

Fontanas

FERRAND

1043

1465

Cayssat

Gd Sault 1081

la fontaine de l'Arbre

Royat

P. de Manson

Puy de Salomon

Beaumont

P. de Monchier

Charade

Olby

Col de la

Puy de

Puy de Barme

1065

Charade

Moreno

Thédes

Ceyrat

P. de Laschamp

P. Pelat

P. de Mercœur

Pardon

Polagnat

Nébouzat

St Genest-de Campanelle

P. de Lassolas 1095

Puy May

St Bunnet

P. de Montgy

Puy de la Vache

Chanonat

1170

P. de Montehal

la Cheire

Randanne

Mne DE LA SERRE

P. de Vichatel

Auriéres

1086

la Taupe

Vernines

P. de Boursoux

P. de Charmont

1138

P. de Combagrasse

L. d'Aydat

St Saturnin

P. de la Rodde

Aydat

Puy de l'Enfer

Cournols

0 1 2 3 k.

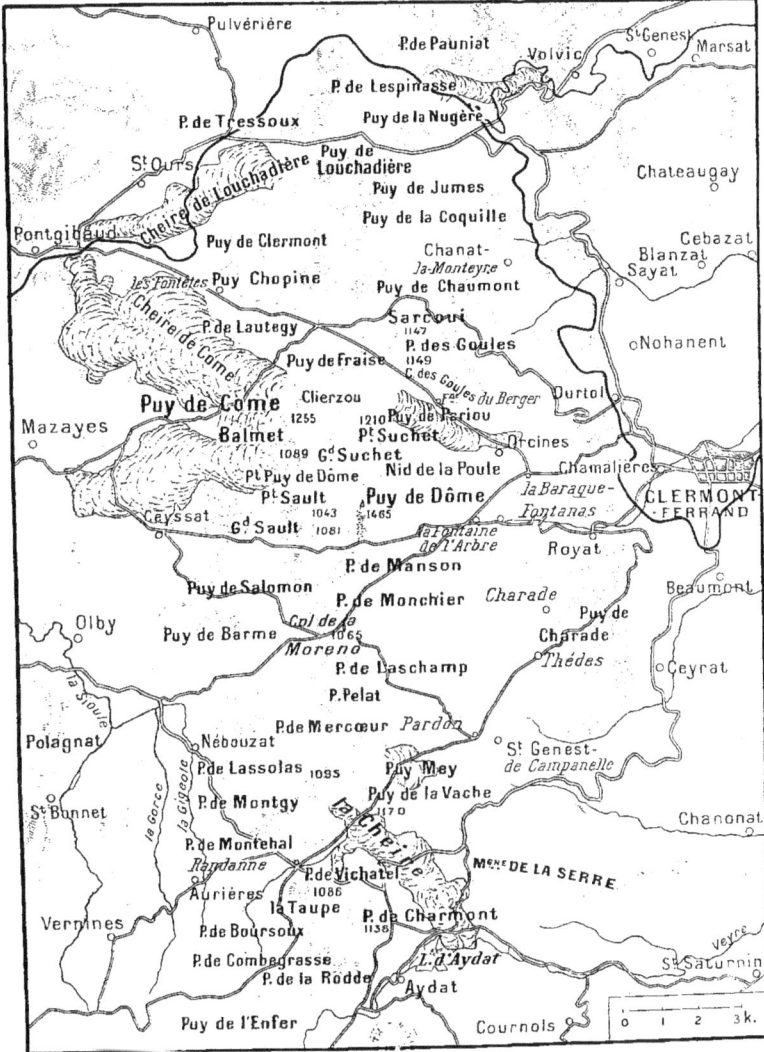

Chaine des PUYS d'Auvergne ou Monts Dômes

groupes de notre *Massif Central* : Monts - Dômes, Monts-Dore, Cantal, Velay, Vivarais. Il s'agit là d'éruptions successives et superposées dont notre figure 130 donne une idée au moins approximative.

Les Monts-Dômes, les Monts-Dore et ceux du Cantal représentent les *volcans d'Auvergne*. Les *Monts-Dômes* sont les cinquante cratères qui forment la *chaîne dite des puys*, près Clermont-Ferrand (Pl. VII) ; ils sont des plus impressionnants. La plupart de ces volcans paraissent éteints d'hier ; ils ne sont pas comblés, ils bâillent sous le ciel bleu et c'est par leur parfaite conservation qu'ils sont extraordinaires. Cette chaîne est la plus récente ; son activité ne s'est éteinte qu'après l'apparition de l'homme, car un squelette humain a été trouvé dans les cendres du petit volcan de Gravenoire, près Royat. Le point culminant est le *Puy de Dôme*, 1 468 mètres (*fig.* 129).

Fig. 129. — Le *Puy de Dôme*, point culminant des Monts-Dômes.

❧ *Les* Monts-Dômes *sont les cinquante cratères ou puys des environs de Clermont-Ferrand ; l'homme a été témoin de leurs dernières éruptions.* Le Puy de Dôme *en est le point culminant.*

138. Monts-Dore, Cantal. — Les *Monts-Dore* forment un massif extrêmement pittoresque, dont le sommet principal est le *Puy de Sancy* (1 886 mètres), point culminant du Massif Central (*fig.* 131). Il est arrivé à plusieurs reprises, dans cette partie de l'Auvergne, que des coulées de laves, en barrant les vallées, en ont retenu les eaux sous forme de lacs : c'est ainsi que sont nés le lac de Montcineyre et le pittoresque lac de Chambon.

Les monts du *Cantal* sont différents des précédents ; on n'y retrouve plus trace de cratères et l'on ignore si les laves qui s'y sont accumulées sont venues au jour par une ou plusieurs bouches. Le *Plomb du Cantal* (1 858 mètres) est le point culminant de ce massif ; il est formé de basalte. Cette roche a donné naissance à des colonnades à Saint-Flour et à Murat. Les *Monts d'Aubrac* sont un prolongement sud du Cantal.

❧ *Les* Monts-Dore *entourent le* Puy de Sancy, *point culminant du Massif Central ; les laves, en barrant les vallées, y ont formé des lacs. Les monts du Cantal n'ont plus de cratères ; le* Plomb du Cantal *en est le point le plus élevé ; ce groupe se prolonge au sud par les* Monts d'Aubrac.

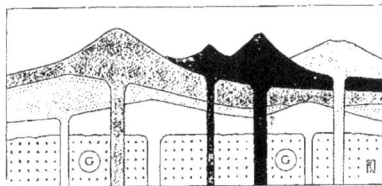

Fig. 130. — Coupe schématique montrant plusieurs éruptions successives comparables à celles qui se sont produites en Auvergne.

G. G. — Soubassement granitique.

Fig. 131. — Le *Puy de Sancy*, point culminant du Massif Central de la France.

139. Velay, Vivarais. — Les monts du *Velay* présentent une centaine de cratères ; certaines coulées de laves y ont une épaisseur de 100 mètres. Celles du volcan de la Denise ont formé de jolies colonnades à Espaly, près la ville du Puy. Comme au petit volcan de Gravenoire, cité plus haut (**137**), on a trouvé au volcan de la Denise des ossements confirmant l'existence de l'homme avant les dernières éruptions ; cette découverte a été faite en 1844 et se trouve au musée du Puy. Les plus belles colonnades du Velay sont dans la vallée de la Borne, aux environs de Saint-Vidal.

Les monts du *Vivarais* sont parmi les plus récents du Massif Central ; on y trouve une roche sonore, appelée phonolithe, et qui constitue le *Mézenc* (1 750 mètres), point culminant de cette région. Les cratères les plus curieux sont autour de Vals-les-Bains. Le plateau des *Coirons* est un prolongement du Vivarais.

— *Les monts du* Velay *offrent une centaine de cratères et de belles colonnades basaltiques. L'homme y a été témoin des dernières éruptions. Les monts du* Vivarais *sont les plus récents ; le point le plus élevé est le* Mézenc. *On y remarque de très beaux cratères, ainsi que le plateau basaltique des* Coirons.

140. Montagne-Pelée. — L'épouvantable éruption de la Montagne-Pelée (Martinique), qui s'est produite en 1902, est encore présente à toutes les mémoires. On a évalué à 35 000, dont 3 000 de race blanche, le nombre de ceux qui y ont trouvé la mort ; il s'agit donc là d'une des plus grandes catastrophes dues à des phénomènes naturels. Mais la science y a trouvé son profit ; jamais une grande éruption n'avait été suivie, étudiée comme celle-ci, et le grand savant français qui durant de longs mois en a surveillé les manifestations, M. A. Lacroix, en a rapporté de précieuses observations qui ont considérablement augmenté la somme de nos connaissances sur le *volcanisme* ou *fonctionnement des volcans*. Voici d'abord le récit d'un témoin qui, du haut d'une colline, a pu voir de ses yeux l'anéantissement de la malheureuse ville de Saint-Pierre :

« Le matin du 8 mai, à huit heures moins

dix, nous entendîmes une première détonation, puis une seconde très forte. En même temps, j'ai vu sortir du cratère une masse énorme de fumées lourdes, excessivement noires. Ces fumées s'épanchaient en moutonnant avec un bruit sinistre. On sentait que cela était pesant, puissant; on eût dit un gigantesque bélier roulant. On entendait le bruit de tout ce que cette trombe roulante brisait, arrachait, broyait sur son passage. Cette masse noire qui dévalait ne se confondait pas avec les vapeurs qui continuaient de monter du cratère en nuages, et l'on voyait l'horizon de la mer au-dessus des fumées qui descendaient sur Saint-Pierre. Elles suivirent avec fracas les vallées qui se creusent sur les flancs du volcan et s'étendirent sur la ville entière comme un noir linceul. Cette avalanche ne mit pas plus d'une minute et demie à terminer sa course. Puis, avec la vitesse même de la pensée, j'ai vu toute la masse noire fulgurer dans un éclat de tonnerre. Et, toujours dans le noir, ce fut sur Saint-Pierre des lueurs d'incendie. »

Les dix-huit navires qui se trouvaient dans la rade subirent le même sort que la ville de Saint-Pierre, sauf un qui put s'enfuir, désemparé, couvert de cendres, avec une partie de son équipage carbonisé.

M. A. Lacroix a donné à ces vapeurs lourdes le nom de *nuées ardentes* (*fig.* 132). Elles sont principalement composées de vapeur d'eau; quant à leur densité excessive et leur température élevée, elles sont dues à la grande quantité de cendres plus ou moins incandescentes qu'elles apportent. La Montagne-Pelée a émis

Fig. 132. — *Nuée ardente* sortant de la Montagne-Pelée (Martinique).
Phot. de M. A. Lacroix, extraite de *La Montagne-Pelée* (Masson et Cᵗ°).

Fig. 133. — Carte de la *Montagne-Pelée*,
avec indication du secteur dévasté.

un grand nombre de nuées ardentes. Plusieurs ont contribué à pulvériser les ruines résultant de la première explosion (*fig.* 133 et 134).

✿ *L'éruption de la* Montagne-Pelée *s'est*

Phot. Cunge.
Fig. 134. — Ruines de Saint-Pierre (Martinique).

produite sous forme de projections de vapeurs lourdes, noires, surchargées de cendres brûlantes, et appelées nuées ardentes. *C'est la nuée ardente du 8 mai 1902 qui a détruit la ville de Saint-Pierre.*

141. Solfatares. — Les *solfatares* sont des cratères par les fissures desquels sortent des vapeurs plus ou moins *sulfureuses*. Autrefois toutes les solfatares étaient considérées comme des volcans en voie d'extinction et dont la force d'éruption était définitivement épuisée. Mais nous savons maintenant que l'existence de l'humanité est elle-même encore trop courte pour permettre à l'homme de fixer l'avenir des volcans d'après ce qu'il sait de leur histoire ; aussi est-il prudent de considérer les *solfatares* comme des volcans en repos temporaire, et non comme des volcans éteints. La *solfatare* la plus connue est celle de *Pouzzoles* (*fig.* 133), située en Italie, près de Naples, dans le groupe de cratères des Champs-Phlégréens ou *champs brûlants* (Pl. VI, B). Elle occupe l'intérieur d'un ancien cratère fort bien conservé et dont le plus grand diamètre est égal à 100 mètres. Depuis 700 ans, ce volcan n'a pas eu d'éruption. La vapeur d'eau qui s'en dégage est mélangée de gaz hydrogène sulfuré dont le soufre se dépose sur les anciennes laves ; les émanations sont particulièrement abondantes au centre du cratère et dans une anfractuosité dite *grotte du soufre*.

Le volcan de Vulcano (136), dont les dernières éruptions sont peu anciennes, offre actuellement les caractères d'une solfatare. Toutes les régions volcaniques présentent des solfatares ; il en existe au Chili, à Java, au Mexique, aux Antilles, en Islande, etc.

✿ *Les solfatares sont des volcans en repos et qui dégagent du soufre. Celle de Pouzzoles, près de Naples, n'a pas eu d'éruption depuis 700 ans. Il y a des solfatares dans toutes les régions volcaniques.*

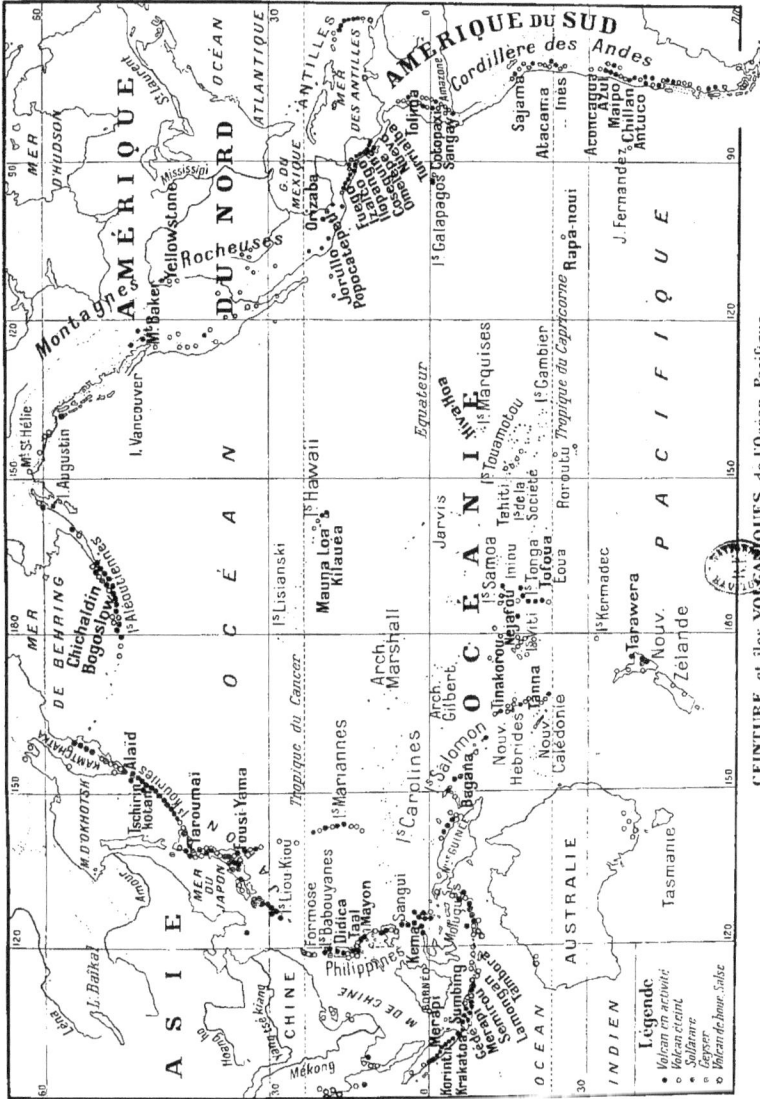

CEINTURE et îles VOLCANIQUES de l'Océan Pacifique

Fig. 133. — Vue intérieure de la *Solfatare* de Pouzzoles, près Naples.

142. Volcanisme. — Après avoir étudié les manifestations extérieures des volcans, et avoir indiqué la source profonde à laquelle ils empruntent leurs déjections, il est important de parler du *volcanisme*, c'est-à-dire de leur mode de *fonctionnement*. Nous verrons bientôt que l'écorce terrestre est soumise à des mouvements de contraction dus à la diminution lente et progressive du feu central (**150** à **152**); il en résulte des plissements et des *cassures*. Or les grands efforts de contraction produisent parfois des cassures assez grandes pour ouvrir une communication entre le centre du globe et la surface du sol; voici donc une *cheminée* volcanique réalisée. Pour s'en convaincre, il suffit de savoir que les chaînes de volcans suivent les grandes lignes de dislocations de l'écorce terrestre : c'est le cas des cratères qui entourent l'Océan Pacifique (Pl. VIII); en outre, les plus actifs sont groupés là où se croisent plusieurs lignes de dislocations. Rappelons que, sur les flancs d'un volcan, les cratères adventifs occupent la même position sur les crevasses (**125**). Maintenant, comment se produit l'éruption? quel est le *moteur* du volcan? Le moteur est indiscutablement la *vapeur d'eau* dissoute en si grande quantité dans la masse minérale en fusion; on suppose alors que dès que les mouvements de l'écorce terrestre ouvrent une issue, les propriétés foisonnantes de la vapeur d'eau s'exercent, d'abord sous forme d'épaisse colonne de fumée (**123** et *fig.* **118**) ou de nuées ardentes (*fig.* **132**), ensuite par l'extravasion des laves. L'action de la vapeur d'eau d'un volcan serait ainsi comparable à celle de l'acide carbonique d'un siphon d'eau de Seltz. Enfin, il y a tout lieu de croire que cette vapeur est fournie au feu central par les terrains imprégnés d'eau, que les mouvements de l'écorce terrestre déplacent et repoussent vers les profondeurs. Nous devons ajouter qu'à toutes ces questions ne répondent que des hypothèses : la Science a encore beaucoup à nous apprendre.

❀ *Le* volcanisme *ou* fonction volcanique *s'explique d'abord par le* feu central *et par les grandes* cassures *de l'écorce terrestre. L'éruption paraît due aux propriétés foisonnantes de la vapeur d'eau dissoute en très grande quantité dans la masse minérale en fusion ou feu central.*

IX. LES ÉMANATIONS

143. Geysers. — Les *geysers*, comme les solfatares, sont groupés dans certains terrains éruptifs ; ce sont des sources *chaudes* essentiellement *jaillissantes*, avec dégagements sulfureux. Ces sources sont caractérisées par une quantité considérable de vapeur d'eau et d'eau liquide, par l'intermittence de leur jet et par le dépôt minéral, calcaire ou siliceux, souvent très abondant, qu'elles produisent. Les geysers ont été étudiés pour la première fois en Islande, puis en Nouvelle-Zélande, où leurs manifestations ont plus d'intensité, enfin aux États-Unis dans le « Parc National» du Yellowstone, où le phénomène qui nous intéresse se présente avec une ampleur grandiose. En Islande, le plus beau est le *Grand Geyser ;* en 1846, il présentait un bassin de 18 à 20 mètres de diamètre au fond duquel s'ouvrait une cheminée large de 3 mètres ; ses éruptions se reproduisaient presque tous les jours avec un jet d'une hauteur de 30 à 50 mètres, dont la durée se maintenait à peu près 10 minutes. Les geysers de la Nouvelle-Zélande (*fig.* 137) sont disposés tout le long d'une immense fracture de 225 kilomètres de longueur. Tous ces geysers n'ont plus l'activité d'autrefois. Ceux du Yellowstone, quoique en décadence, sont cependant plus actifs ; les principaux sont : le *Géant*, dont le jet atteint 60 mètres ; la *Ruche d'abeilles* (70 mètres) ; le *Vieux Fidèle* fonctionne toutes les 65 minutes, le *Geyser Architectural* est remarquable par l'allure désordonnée de ses jets multiples. La silice déposée par les geysers forme des tufs épais auxquels on donne le nom de *geysérite*.

❀ *Les* geysers *sont des sources chaudes, jaillissantes et* intermittentes ; *il en existe en Islande, en Nouvelle-Zélande et dans le « Parc National » des États-Unis. Les geysers déposent un tuf siliceux appelé geysérite.*

144. Expérience de Tyndall. — D'après le savant anglais Tyndall, l'éruption d'un *geyser* paraît se produire lorsque certaines conditions donnent à une partie de ses eaux la température de l'ébullition. Pour le démontrer il établit un tube cylindrique (*fig.* 136) représentant la cheminée et son ouverture plus ou moins cratériforme. Après avoir rempli cet appareil d'eau, on le chauffe à sa base A et en son milieu B, C. Au bout de peu de temps, une grosse bulle de vapeur d'eau se forme en A, soulève la colonne d'eau qui la recouvre et fait monter du même coup le niveau B en C. Grâce à l'ouverture-cratère D, l'eau qui vient de s'élever s'épanche en dehors sans modifier le niveau ; de sorte que l'eau élevée en C ne supporte plus qu'une pression inférieure à celle qu'elle éprouvait en B. Cette légère réduction de pression suffit pour que cette eau, qui était déjà très rapprochée de son point d'ébullition, se vaporise et chasse violemment au dehors toute la colonne d'eau C D. Un appareil de ce genre permet d'obtenir des éruptions qui se renouvellent à cinq minutes d'intervalle.

❀ *D'après l'expérience de Tyndall, l'éruption d'un geyser paraît se produire lorsque certaines conditions donnent à ses eaux la température de l'ébullition.*

145. Soufflards, soffioni. — Ces émanations sont des dégagements de vapeur d'eau dont la température dépasse généralement $+100°$. Les *soffioni* de la Toscane (Italie) sont des soufflards; ils sont groupés le long des fractures du sol dans la région de Volterra. La condensation de ces jets de vapeur donne naissance à une certaine quantité d'eau chargée d'acide borique, qui se réunit dans des bassins appelés *lagoni* et y dépose du soufre et du gypse ; l'*albâtre*

Fig. 136.
Appareil pour l'expérience de Tyndall.

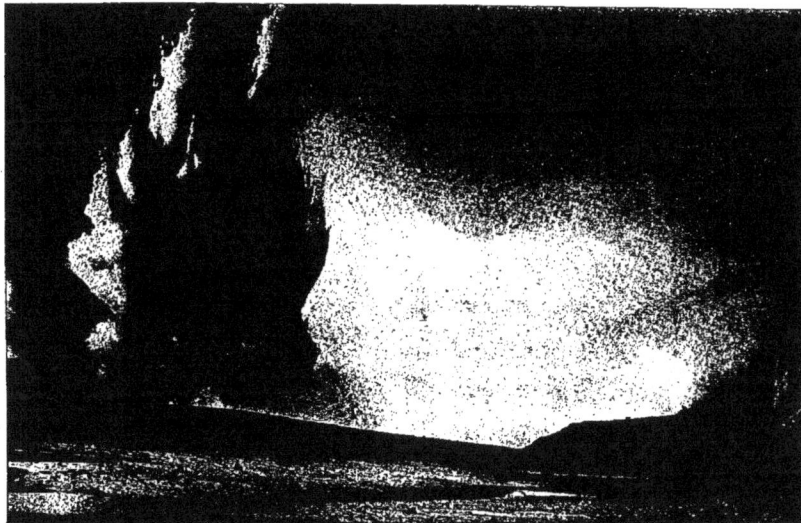

Fig. 137. — Le *Geyser* Waimangu en éruption (Nouvelle-Zélande).

de Volterra n'a pas d'autre origine que ce dépôt gypseux. L'exploitation de l'acide borique y est assez active. Il y a aussi de nombreux soufflards dans l'Amérique du Nord.

❀ *Les* soufflards *ou* soffioni *de la Toscane sont des dégagements de vapeur d'eau avec acide borique, soufre et gypse.*

146. Volcans de boue. — Les *salses* ou *volcans de boue* se présentent comme de petits cônes argileux émettant de la boue souvent salée, avec dégagements gazeux très abondants; ces deux propriétés justifient les noms qu'on leur a donnés de *volcans d'air, salinelles*. Les principales régions de salses sont le nord de l'Italie, la Sicile, le Caucase, l'Islande et l'Amérique du Nord. Les salses italiennes de Sassuno et de Sassuolo se trouvent près de Modène. En Sicile, la salse de Paterno s'ouvre au voisinage de l'Etna ; la *maccalube* de Girgenti est une colline argileuse de 50 mètres de hauteur qui présente à son sommet

une centaine de petits cônes offrant chacun un cratère étonnant de perfection (*fig*. 138). Ces cratères sont remplis d'une argile clairette, plus ou moins salée, que des bulles gazeuses agitent continuellement. L'argile déborde de temps en temps et s'épanche en petites coulées grises sur les flancs des cônes. Vers la fin de l'été, quand la boue, desséchée par la température élevée de la belle saison, obstrue depuis un certain temps les orifices d'émission, la pression des gaz accumulés provoque parfois l'explosion du bouchon argileux ; un jet violent s'élance alors dans l'espace ; des cratères plus larges s'ouvrent et d'abondantes coulées de boue s'épanchent à une assez grande distance.

Les salses du Caucase sont les plus importantes; leurs cônes atteignent une hauteur de 120 à 400 mètres. Elles sont groupées aux deux extrémités de la chaîne montagneuse ; à l'ouest il y en a des deux côtés du détroit de Kertch, et à l'est elles sont dans la presqu'île

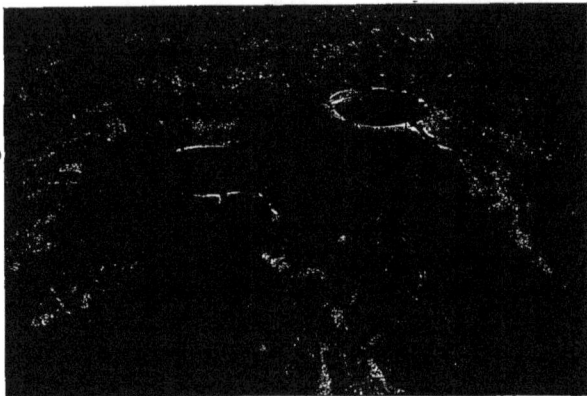

Phot. de M. Aug. Robin.

Fig. 138. — Deux des nombreux cratères de la *Maccalube* de Girgenti.

d'Apcheron ou région de Bakou. Les gaz émis par ces salses sont recueillis et utilisés pour le chauffage et l'éclairage.

✿ *Les volcans de boue ou salses sont des cônes d'argile avec cratères émettant de la boue salée et des gaz. Les plus remarquables sont dans le nord de l'Italie, en Sicile, au Caucase et aux États-Unis.*

147. Sources thermo-calcaires. — Les *sources minérales* sont chaudes ou froides; les premières, ayant un pouvoir dissolvant plus grand que les secondes, sont plus minéralisées, et il en est qui forment des dépôts analogues à ceux des geysers (**143**). Les *sources chaudes* ou *thermo-minérales* donnent lieu parfois à des formations d'une grande beauté. Dans le district américain de Yellowstone, dont nous avons parlé à propos des geysers, elles arrivent au jour avec une température moyenne de + 70° et déposent, à mesure qu'elles se refroidissent au contact de l'air, du carbonate de chaux cristallisé. C'est ainsi que le sol est recouvert sur une étendue considérable d'une couche de calcaire auquel on a donné le nom de *travertin*. Les plus belles sources thermo-calcaires du Yellowstone sont celles des *White*

Mountain, appelées aussi *Sources-du-Mammouth;* elles forment une imposante succession de bassins étagés d'un grand effet; leurs eaux fumantes tombent de vasque en vasque. Les sources chaudes calcaires de la région de Tivoli (Italie) ont formé d'épaisses couches de travertin dont l'épaisseur atteint plus de 100 mètres. Les sources de *Hammam-Meskhoutine* (*fig.* 139), dans la province de Constantine (Algérie), ont une température de + 95°; celles des *Bains d'Hiéropolis*, près de Smyrne (Turquie d'Asie), ont construit des terrasses calcaires de 100 mètres d'épaisseur, sur une étendue de 4 kilomètres.

✿ *Les eaux chaudes ont un pouvoir dissolvant plus considérable que les eaux froides ; les sources chaudes sont donc plus minéralisées. Les Sources du Mammouth (États-Unis), de Tivoli (Italie), etc., forment d'importants dépôts de travertin.*

148. Eaux minérales. — Certaines *eaux thermales* ou *chaudes* sont employées comme médicaments. Les eaux sulfurées de Barèges, Cauterets et Saint-Sauveur (Hautes-Pyrénées) sont utilisées contre les affections des voies respiratoires; les eaux chlorurées de la Bourboule (Puy-de-Dôme), de Saint-Gervais (Haute-Savoie), d'Uriage (Isère) ont des mérites variés. Les eaux bicarbonatées de Mont-Dore-les-Bains (Puy-de-Dôme) sont fortifiantes et antirhumatismales. Enfin, celles de Néris (Allier), Plombières (Vosges) sont calmantes et reconstituantes.

Les *eaux minérales froides*, dont on fait une si grande consommation, paraissent se rattacher encore à l'influence du feu souter-

Fig. 139. — Sources thermo-calcaires de Hammam-Meskhoutine (Algérie).

rain; mais certaines sources sont très éloignées de tout centre volcanique et l'on doit les considérer comme étrangères à l'activité interne. On s'intéresse aux eaux minérales parce qu'on les considère ou comme des boissons agréables, ou comme des médicaments. Nous en citerons quelques-unes en commençant par l'eau bien connue de *Saint-Galmier* (Loire); son piquant est dû à la présence du gaz acide carbonique; elle est digestive. Les eaux bicarbonatées de Vals (Ardèche) et de Vichy conviennent aux affections du foie, des reins, etc.; celles de Pougues (Nièvre) sont digestives et reconstituantes. Les eaux ferrugineuses sont nombreuses : on les trouve à Forges-les-Eaux (Seine-Inférieure), Bussang (Vosges), Royat (Puy-de-Dôme), Orrezza (Corse); elles sont reconstituantes.

❀ *Les eaux thermales sont fréquemment employées comme médicaments. Les eaux minérales froides le sont comme boissons ou comme médicaments : les plus réputées sont celles de Saint-Galmier, Vals, Vichy, etc.*

149. Mofettes. — Les *mofettes* sont des émanations de gaz *acide carbonique* qui se produisent fréquemment dans les terrains volcaniques. Dans les dépressions et dans les grottes, il arrive que le gaz s'accumule; plus lourd que l'air, il reste sur le sol formant une couche dans laquelle une bougie allumée s'éteint aussitôt et où un animal serait tout à fait asphyxié s'il y était retenu. A Royat (Puy-de-Dôme), comme à Naples (Italie), il y a une *grotte du Chien*, ainsi nommée parce que c'est un chien qui sert à la démonstration du phénomène; là où cet animal souffre visiblement, l'homme debout n'éprouve aucun malaise sensible. La *Vallée de la mort* de Java et le *Ravin de la mort* du Yellowstone sont des dépressions du sol jonchées d'ossements appartenant aux animaux qui s'y sont aventurés.

❀ *Les mofettes sont des émanations de gaz acide carbonique. Par son poids, ce gaz s'accumule dans certaines cavernes (grotte du Chien) et dans certaines dépressions du sol (Vallée de la mort).*

X. LES DISLOCATIONS

150. Contractions du sol. — Le *feu central* ne produit pas seulement le volcanisme et tout ce qui s'y rattache, il remplit un rôle géologique beaucoup plus considérable par son refroidissement lent et la *diminution progressive de son volume*. Pour rester en contact avec cette masse en fusion, l'écorce terrestre est obligée de se contracter ; comme le vêtement d'un homme qui maigrit, elle fait des plis ; mais comme elle est moins souple qu'un vêtement, il arrive aussi qu'elle se brise ; ce sont les plis et les brisures du sol que nous allons étudier ; cette science des dislocations du sol est l'*orogénie*. Certaines régions sont extraordinairement plissées ; c'est notamment le cas des Ardennes et du Jura (*fig.* 140 et 142), où les plis sont souvent très visibles sur les pentes des vallées et les parois des gorges. En effet, le maximum de plissement est représenté par les chaînes de montagnes ; c'est ainsi que les Alpes et les Pyrénées ne sont pas autre chose que des *rides* gigantesques dues aux efforts de contraction de l'écorce terrestre ; cet exemple montre de quelle importance est ce grand phénomène géologique.

✿ *En se refroidissant le feu central diminue de volume. Pour rester en contact avec cette masse minérale en fusion, l'écorce terrestre se plisse comme un vêtement trop large et se brise ; les plus grands plis sont représentés par les chaînes de montagnes.*

151. Plis. — Il y a plusieurs sortes de plis : ceux qui se présentent en bosses sont des plis *anticlinaux* (*fig.* 141, A, A, et 142) ; leur partie supérieure est une crête *anticlinale*, à moins qu'en ce point les couches se soient rompues avec écartement des parois de rupture ; il en résulte alors un vide plus ou moins considérable qui est une vallée *anticlinale ;* les *combes* du Jura sont des vallées anticlinales. Les plis qui se présentent en creux, en cuvettes, sont des plis *synclinaux* (*fig.* 141, B, B), formant des vallées *synclinales ;* il arrive quelquefois que le fond de ces vallées est occupé par un lambeau d'un terrain que la dénudation a fait disparaître ; ce lambeau respecté par l'érosion forme une crête *synclinale*. Enfin il existe des plis *monoclinaux*, qui sont beaucoup plus simples et ne présentent qu'une dénivellation sans rupture.

Mais il se produit au cours du soulèvement des montagnes des phénomènes beaucoup plus intenses, et que les géologues français ont mis en lumière en ces dernières années. Il arrive parfois que des plis anticlinaux déjà très accusés, et continuant de subir une poussée latérale, se *couchent* sur des terrains plus

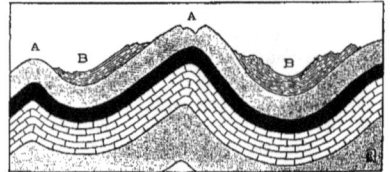

Fig. 140. — Carte montrant le parallélisme des *plis* constituant le relief du Jura.

Fig. 141. — Coupe transversale de *plis anticlinaux* (A, A) et *synclinaux* (B, B).

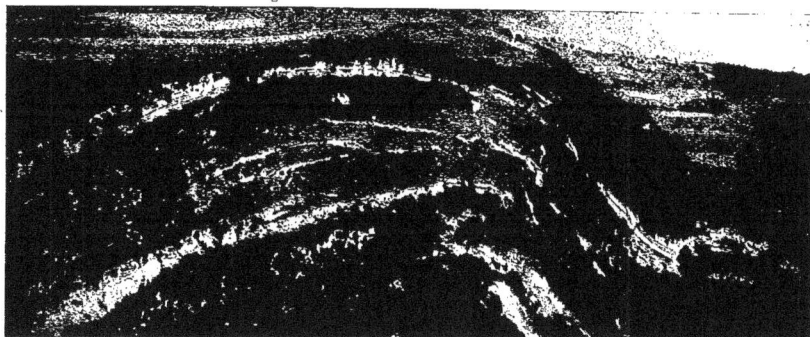

Fig. 142. — Grand *pli anticlinal* dans la *Cluse* de Valorbes (Jura Suisse).

récents, puis s'amincissent, présentant même un étranglement qui sépare la *tête* du pli de sa base ou *racine*. Si l'effort continue, une *rupture* se produit à l'étranglement et la portion isolée, transportée plus ou moins loin de sa base par les efforts de contraction du sol, pourra constituer ces immenses terrains dont la situation paraissait si incompréhensible et auxquels on donne maintenant le nom de *nappes de charriage* ou *massifs de recouvrement*.

✻ *On distingue les plis en bosse ou* anticlinaux, *les plis en creux ou* synclinaux *et les plis n'offrant qu'une simple dénivellation ou* monoclinaux. *Certains plis poussés latéralement, puis couchés, rompus et transportés loin de leur base, constituent les* nappes de charriage.

132. Cassures. — A côté des plissements il faut parler des *cassures* ou *fractures* qui fen-

Fig. 143. — Schéma d'un terrain haché de *failles.*

dent le sol en intéressant plusieurs terrains et en s'enfonçant à des profondeurs considérables ; ce sont les *lithoclases* ou *géoclases*. Très souvent ces cassures sont accompagnées de *rejet*, c'est-à-dire d'une dénivellation brusque des couches fendues ; il s'agit alors d'une *faille* (*fig.* 143), et l'on donne à celle des deux parois de cassure qui domine l'autre à la surface du sol le nom de *regard*. Ces parois des failles sont fréquemment polies par le frottement dû au mouvement de dénivellation ; on les désigne sous les noms de surfaces de *glissement* ou de *friction*. Enfin certaines fractures coupent transversalement les chaînes de montagnes ; lorsque les parois en sont écartées, il en résulte une gorge ou vallée à laquelle on donne dans le Jura le nom de *cluse* (*fig.* 142).

✻ *On appelle* géoclases *les grandes cassures de l'écorce terrestre. Celles qui offrent une dénivellation des couches sont des* failles ; *leurs parois sont généralement polies par le frottement.*

133. Oscillations des rivages. — Les contractions de l'écorce terrestre donnent également lieu à des *soulèvements* et à des *affaissements* lents que l'on a remarqués depuis longtemps sur les rivages de certains pays parce que le niveau de la mer y constitue

Fig. 144. — Le fond d'une *vallée affaissée* ou *fjord*, en Norvège.
(On remarquera au dernier plan un glacier dont la base arrive au niveau de la mer.)

Fig. 145. — Plan du *Sognefjord* (Norvège).

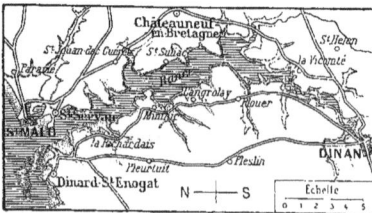

Fig. 146. — *Vallée affaissée* de la Rance (Ille-et-Vil.).

un point de repère qui en facilite la constatation. C'est ainsi que des plages se sont élevées au-dessus de l'influence des eaux, et que des lieux qui dominaient les flots s'y sont lentement engloutis; on peut citer d'abord le pays hollandais, où les grands marécages et les forêts de l'époque romaine sont devenus des fonds de mer; cet engloutissement progressif du pays fut caractérisé par 35 inondations successives qui firent un nombre considérable de victimes. En France, la baie du Mont-Saint-Michel, autrefois habitée, s'est affaissée; il en est de même des vallées de la Rance (*fig.* 146) et du Trieux en Bretagne. Dans la baie de Douarnenez (Finistère) se trouve engloutie la cité d'Ys, submergée au vᵉ siècle. Sur les côtes de l'Océan, au nord de la Gironde, il y a une émersion très nette, et l'ancien port de Brouage, par exemple, se trouve maintenant à quelque distance de la côte. Mais les oscilla-

Fig. 147. — Le village de Stefanoconi (Calabre) après le *tremblement de terre* de septembre 1905.

tions de rivages les plus importantes parais-sent être celles produites en Scandinavie. Les côtes de la Norvège y présentent, d'une part, des *vallées affaissées*, que l'on nomme des *fjords* (*fig.* 144); et d'autre part, sur les flancs de ces vallées, des lambeaux ou *terrasses* de graviers et de cailloux disposées à différentes hauteurs au-dessus du niveau des eaux et in-diquant un soulèvement notable. Ces signes réunis d'affaissement et de soulèvement em-barrassèrent d'abord les géologues. On sait maintenant que les vallées ont été tout d'abord creusées par les glaciers qui descendaient des Alpes Scandinaves; ces glaciers se sont en-suite reculés, comme le font tous les glaciers, à mesure que s'abaissaient les montagnes. Puis la côte s'est affaissée lentement, les vallées ont été progressivement submergées, se trans-formant en fjords qui permirent à la mer de s'avancer jusque dans les petites vallées se-condaires. Le mouvement d'affaissement s'est ensuite arrêté, et il a été suivi d'un soulè-

vement qui a permis aux dépôts littoraux de s'élever en terrasses au-dessus des eaux. Malgré ce mouvement d'émersion qui se con-tinue actuellement, les fjords de Norvège sont encore fort beaux; les plus remarquables sont le Hardangerfjord et le Sognefjord (*fig.* 145). On cite souvent comme exemple d'oscilla-tions de rivage le cas du *Temple de Sérapis*, à Pouzzoles, près de Naples; mais dans cette région les mouvements du sol sont dus à l'influence du volcanisme et non aux contrac-tions de l'écorce terrestre.

✿ *Les contractions de l'écorce terrestre pro-duisent des* soulèvements *et des affaissements, des oscillations du sol faciles à reconnaître au long des rivages. En Norvège, les fjords sont des vallées affaissées dans lesquelles la mer s'avance profondément.*

154. Tremblements de terre. — Les *trem-blements de terre* ou *séismes* appartiennent aussi à l'action du *feu central;* ils représentent des épisodes violents dans la contraction lente de l'écorce terrestre. Ils se manifestent de façon très variable, donnant naissance à des secousses presque insensibles comme aux plus terribles catastrophes. Parmi ces dernières on cite souvent celle de 1755 à Lisbonne, où la ville fut détruite et où 30 000 personnes périrent ; celle de 1693 en Sicile (60 000 victimes), celle de l'an 526 sur les côtes de la Méditerranée (100 000) ; ces chiffres indiquent bien quelle intensité peut caractériser parfois ces phénomènes. Il y a des pays où ils sont très fréquents, comme le Pérou, le Chili, le Japon. Dans ce dernier pays, il se produit en moyenne 500 secousses par an ; les secousses sont ordinairement très courtes ; mais il arrive qu'elles se renouvellent à intervalles très rapprochés durant des semaines, quelquefois des mois et des années. Le fait se produisit en 1868 aux îles Sandwich avec un maximum de 2 000 secousses durant le mois de mars. Les derniers grands tremblements de terre dévastèrent la Calabre (Italie) en 1905 (*fig.* 147), San-Francisco en 1906 et Messine en 1908. En France, les secousses séismiques sont fréquentes, mais faibles, et sont révélées par un instrument enregistreur, qui est le *séismographe*. Le séisme de Provence en 1909 fut pourtant très violent. Le séismographe permet de constater que la croûte terrestre est en état de mobilité presque continue.

— *Les* tremblements de terre *ou* séismes *sont des accidents qui appartiennent au phénomène de la* contraction *lente de l'écorce terrestre ; ils sont assez violents au Pérou, au Chili, au Japon, dans le sud de l'Italie, et généralement légers en France.*

155. Secousses. — Il existe différentes secousses séismiques. Les secousses *verticales* sont caractérisées par la projection, à une hauteur plus ou moins grande, d'objets, de personnes, de maisons même, comme cela s'est produit en 1783 en Calabre (Italie). Les secousses *horizontales* renversent brusquement les édifices sur le côté. C'est le cas des temples ruinés de Sélinonte, en Sicile (*fig.* 148). Les secousses *ondulatoires* ont permis de voir

les arbres s'abaisser au passage de l'onde séismique, et se redresser ensuite. Les secousses *rotatoires* se traduisent par un pivotement plus ou moins accusé des statues sur leur socle ou des colonnes et obélisques funéraires. En dehors de la nature des secousses on distingue aussi leur déplacement ; c'est ainsi que les secousses *linéaires* se propagent sur une ligne bien nette en ne bouleversant qu'un espace très étroit, comme cela se produit dans l'Amérique du Sud, où les tremblements de terre suivent les chaînes de montagnes ou les lignes de côtes. Les secousses *centrales* rayonnent autour d'un point ou centre, et vont en diminuant d'intensité à mesure qu'elles s'en éloignent, comme cela s'est réalisé pour le tremblement de terre de Ligurie et Alpes-Maritimes, en 1887 (*fig.* 149). Les secousses entraînent assez souvent des ruptures du sol ou *crevasses* affectant la forme de longues *lézardes*, ou bien une disposition *étoilée*. La forme en lézardes peut s'étendre sur plus de 100 kilomètres. Les crevasses peuvent s'ouvrir et se refermer aussitôt ; d'autres restent toujours béantes. Parfois il y a *dénivellation*, les bords de la crevasse ne sont plus de niveau, il y a eu *rejet* ; la rupture qui offre cette particularité constitue dans le sol une *faille* (**152** et *fig.* 143). Ces différents accidents se produisent aux points de moindre résistance, notamment à la jonction, à la surface du sol, de terrains différents.

✿ *Les* secousses *séismiques peuvent être* verticales, horizontales, ondulatoires *ou* rotatoires ; *leur* direction *peut être* linéaire *ou* rayonnante *autour d'un* centre. *Elles produisent des* crevasses *là où le sol est moins résistant.*

156. Effondrements, soulèvements. — Parfois les tremblements de terre produisent de véritables *effondrements*. En 1819, aux Indes, un immense golfe de 5 mètres de profondeur remplaça tout un pays qui s'était ainsi englouti dans la mer. Ailleurs, ils entraînent des *soulèvements* qui peuvent être désastreux s'ils intéressent un port de mer : en

Phot. de M. Aug. Robin.

Fig. 148. — Temple de Sélinonte (Sicile) renversé sur le côté par une *secousse horizontale*.

1855, le port de Nippon (Japon) s'est vidé à la suite d'un phénomène de ce genre ; en 1750, celui de Concepcion (Chili) s'est élevé au-dessus des eaux pour la même cause. L'*étendue* de pays secoué par un même tremblement de terre peut être considérable ; celui de Lisbonne, cité plus haut, a été ressenti sur 3 millions de kilomètres carrés ; celui de 1827 en Colombie s'étendit sur une longueur de 1 500 kilomètres ; celui de 1884 en Andalousie embrassa 400 000 kilomètres carrés.

❀ *Les tremblements de terre produisent parfois des effondrements ou des soulèvements très vastes. L'étendue de pays secoué peut atteindre des millions de kilomètres carrés.*

157. **Propagation.** — La *vitesse de propagation* des secousses varie d'abord avec la *violence* du phénomène et avec la *résistance* plus ou moins grande des terrains intéressés. On sait depuis quelque temps que les secousses violentes se propagent, d'une part, par l'*intérieur* de la Terre et la traversent par son diamètre en 22 minutes ; cette première manifestation est suivie d'une deuxième, car l'onde séismique a suivi d'autre part l'écorce terrestre en un temps trois fois plus long. Ces

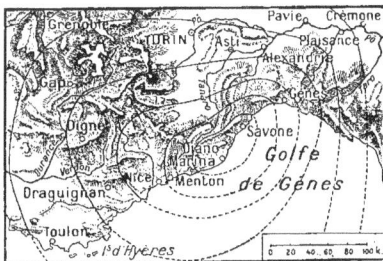

Fig. 149. — Zones décroissantes d'intensité de la *Secousse centrale* de Ligurie, en 1887.

renseignements ont été révélés par les séismographes. On sait aussi depuis longtemps que les secousses se propagent avec une très grande rapidité à travers les roches compactes et beaucoup plus lentement dans les terrains meubles. En mer, l'onde séismique peut provoquer sur les rivages de terribles *ras de marée;* les eaux de la mer après s'être retirées reviennent sous forme d'une vague énorme qui balaye des pays entiers, rasant les habitations, projetant des navires dans les terres, etc.

✿ *Une secousse violente traverse la Terre par son diamètre en 22 minutes; elle met trois fois plus de temps en suivant l'écorce terrestre. En mer, l'onde séismique peut provoquer de terribles* ras de marée.

TABLEAU RÉSUMÉ DE L'ACTION GÉOLOGIQUE DES AGENTS INTERNES

	ÉMISSIONS SOLIDES	LIQUIDES	GAZEUSES
VOLCANS	Cônes de débris et de laves, cendres, lapillis, scories, bombes, soufre des fumerolles et des solfatares.	Roches éruptives et laves diverses. Obsidienne, ponce, etc.	Vapeur d'eau et gaz divers de la colonne de fumée, des nuées ardentes et des fumerolles.
ÉMANATIONS. .	Geysérite ou tufs siliceux des geysers. — Acide borique, soufre et gypse des soffioni. — Travertin des sources thermo-calcaires.	Eaux chaudes des geysers. Boues des salses. Eaux thermo-minérales. Eaux minérales froides.	Vapeur d'eau des geysers, des soffioni et des eaux thermales. Acide carbonique des eaux minérales froides et des mofettes.
DISLOCATIONS .	Phénomènes variables d'intensité et résultant tous de la contraction progressive de l'écorce terrestre : Plis, cassures et failles, nappes de charriage; soulèvements lents des chaînes de montagnes; affaissements lents des vallées scandinaves (fjords); tremblements de terre, effondrements et soulèvements brusques, crevasses.		

CONCLUSION

Au cours de nos leçons, nous avons passé en revue l'action multiple des précipitations *atmosphériques*, l'étonnante beauté des *glaciers*, le travail incessant des *cours d'eau*, les différentes manifestations de la *mer*, l'ardente sécheresse des *déserts*, la collaboration active des *organismes* et l'effrayante grandeur des éruptions *volcaniques*. Partout nous avons constaté la transformation continue du sol; les matériaux qui constituent la surface du globe sont constamment déplacés. Nous avons vu chacun des agents naturels étudiés démolir en un point, édifier en un autre. Nous avons vu l'*eau solide* ronger la montagne et construire les moraines, les *cours d'eau* creuser leur vallée et déposer des deltas, la *mer* abattre les falaises et former des plages de sable et des bancs de galets, etc. Il est de la plus haute importance de bien comprendre le mécanisme de ces phénomènes et de s'en souvenir quand nous étudierons l'*histoire géologique* de la Terre; les phénomènes du passé nous apparaîtront ainsi plus clairs, et dans les roches des différents âges nous reconnaîtrons plus aisément le genre du dépôt qui a pu leur donner naissance. Le *passé*, en effet, doit toujours être étudié à la lumière du *présent;* il doit être expliqué par les causes que nous voyons se produire sous nos yeux. La géologie apparaît ainsi infiniment belle et passionnante.

INDEX ALPHABÉTIQUE ET ÉTYMOLOGIQUE

DES TERMES GÉOLOGIQUES CITÉS DANS LE VOLUME.

Tous les chiffres renvoient aux *paragraphes*; les chiffres en caractères gras (**31**) indiquent les paragraphes où les termes géologiques sont *définis* ou *décrits*.

TABLE DES MATIÈRES

PLANCHES EN COULEURS

Paris. — Imprimerie LAROUSSE, 17, rue Montparnasse

www.ingramcontent.com/pod-product-compliance
Lightning Source LLC
Chambersburg PA
CBHW062017200326
41519CB00017B/4818